多类型表面缺陷机器视觉

检测方法研究

舒雨锋 ◎ 著

華中科技大學出版社
http://press.hust.edu.cn
中国 · 武汉

内 容 简 介

笔者在全面调研工业领域缺陷检测现状的过程中，发现工业领域中表面缺陷检测存在样本数量不足、检测精度和实时性要求高、缺陷种类繁多等各种难题，导致在进行多类型表面缺陷检测时，基于机器视觉的检测方法在实际应用时十分困难。为了解决这些难题，本书针对缺陷样本稀少且样本搜集困难、缺陷检测算法模型多且检测成本高、缺陷类型繁多且检测场景复杂等问题提出了基于深度学习的技术解决方案，采用生成对抗网络、目标检测网络和迁移学习等最前沿的深度学习技术建立了完善的缺陷样本数据集，提高了缺陷检测的精度，并且对不同种类的缺陷检测快速地训练新模型。最后还介绍了一个多类型表面缺陷智能视觉检测 Web 在线系统，这个 Web 在线系统整合了三种技术方案，可以实时显示多类型表面缺陷检测的效果。

图书在版编目(CIP)数据

多类型表面缺陷机器视觉检测方法研究 / 舒雨锋著. -- 武汉：华中科技大学出版社，2024. 5.
ISBN 978-7-5772-0755-1

Ⅰ. TP302.7

中国国家版本馆 CIP 数据核字第 2024JY5661 号

多类型表面缺陷机器视觉检测方法研究
Duoleixing Biaomian Quexian Jiqi Shijue Jiance Fangfa Yanjiu

舒雨锋　著

策划编辑：张　毅
责任编辑：郭星星
封面设计：廖亚萍
责任监印：朱　玢

出版发行：华中科技大学出版社(中国・武汉)　　电话：(027)81321913
武汉市东湖新技术开发区华工科技园　　邮编：430223

录　　排：武汉正风天下文化发展有限公司
印　　刷：武汉市洪林印务有限公司
开　　本：710mm×1000mm　1/16
印　　张：8.25
字　　数：141 千字
版　　次：2024 年 5 月第 1 版第 1 次印刷
定　　价：89.00 元

前　言

目前，深度学习的发展为工业检测提供了很多新的技术方案，大幅提高了检测精度与效率，被广泛应用于工业产品加工、医药与半导体等领域的视觉检测任务中，但在工业产品多类型表面缺陷检测中的应用却十分有限。主要原因有三个：缺陷样本稀少且样本搜集困难、缺陷检测算法模型多且检测成本高、缺陷类型繁多且检测场景复杂。针对上述难点，本书对深度学习中生成对抗网络、目标检测网络和模型迁移等技术进行了研究和改进，解决了上述三类问题，并在电动机换向器多类型表面缺陷检测中进行了实验验证，主要工作内容如下：

针对缺陷图像样本稀少且样本搜集困难的问题，本书提出了一种基于Wasserstein GAN（WGAN）的样本生成方法——CCA-WGAN（condition-based and context-based adaptive WGAN），以生成缺陷样本对缺陷数据集进行扩充。在缺陷图像生成阶段，本书设计了 Condition-based WGAN 模型，提出并设计了跳跃残差连接的编码器-解码器结构的生成器，解决了 WGAN 模型难以生成复杂图像的问题，提高了生成缺陷图像的质量；在缺陷与整体图像融合阶段，本书设计了 Context-based WGAN 模型，首次提出了根据上下文生成对抗训练的方法，使得生成的缺陷图像与整体的缺陷图像融合得更自然，大大简化了缺陷图像的生成过程。同时，本书使用 CCA-WGAN 模型建立了一个丰富的换向器缺陷样本数据集。

针对表面缺陷检测中算法模型多且检测成本高的问题，本书提出了一种基于 Fully Improved YOLOv4（FI-YOLOv4）模型的缺陷检测方法。本书还设计了 S-ResA 单元，通过多感受野的卷积和注意力机制，解决了 YOLOv4 骨干网络中特征尺度单一和不区分特征重要性的问题；设计了 B-SPP 模块，混合使用最大池化和空洞卷积，解决了 YOLOv4 中 SPP 模块特征高度相似的问题；设计了跨层特征金字塔网络，解决了 YOLOv4 特征金字塔模块中特征融合不充分、语义信息丢失的问题；设计了特征自适应模块，解决了 YOLOv4 中单尺度特征预测的问题；设计了损失函数 Federal Focal Loss，解决了 YOLOv4 中检测框筛选指标和评估指标不一致的问题，全方位地提高了缺陷检测的精度与效率。对换向器缺陷检测数据进行测试，FI-YOLOv4 模型的目标检测评估指标 AP_{50} 比原始的 YOLOv4 模型提高了 8.6 个百分点，很好地解决了缺陷检测算法模型多且检测成本高的问题。

针对表面缺陷检测中缺陷类型多且检测场景复杂的问题，本书提出了一种缺陷检测模型迁移的改进算法——渐进式子网络融合迁移模型（progressive subnetwork fusion transfer model，PSF-TM），解决了模型迁移中知识经验保留率低的问题；使用子网络采样训练和子网络集成预测的方法，解决了模型迁移过程中，训练时陷入局部最优的问题，有效防止了模型过拟合的现象。相比于常规的模型参数迁移和冻结模型参数迁移，PSF-TM 的检测精度 AP_{50} 分别提高了 27.6 和 21.9 个百分点，且训练时间只有原来的一半，很好地解决了换向器缺陷类型多且检测场景复杂的问题。

另外，本书对数据集生成模块、目标检测模块和迁移学习模块等内容进行集成，针对电动机换向器表面缺陷检测，开发了一个多类型表面缺陷智能视觉检测 Web 在线系统。该系统包含模型训练、数据可视化、数据分析、控制管理和实时检测等功能，可实现电动机换向器表面缺陷图像生成、表面缺陷检测与多类型表面缺陷检测模型迁移，验证了本书所研究方法的有效性，为本书的研究方法更好地在实际工业场景中落地提供基础。

作　者
2024 年 1 月

目　录

1 绪　论

1.1 课题研究背景、目的及意义

在表面缺陷检测的诸多方案中，虽然传统视觉检测方法取得了一定的成绩，但是在工业场景下的应用十分受限，这也使得传统视觉检测的发展进入瓶颈。深度学习方法的出现，逐渐打破了这种格局，使视觉检测进入了新的纪元。相比较传统的视觉检测方法，基于深度学习相关技术的视觉检测方法效率高、成本低、精度高，可以与自动化的流水线融合，实现对产品缺陷的实时检测。深度学习视觉检测系统已经被广泛地使用，且取得令人满意的效果。其中，多类型表面缺陷检测又是一个比较特殊的类别，把其他工业视觉检测系统直接照搬到多类型表面缺陷检测是不可行的，因为多类型表面缺陷检测存在以下几个特点：

(1) 样本数据少。一个高精度的检测模型需要大量的数据进行训练，因为一个深度学习模型通常有上百万甚至上亿的权重参数，所以在模型训练的时候需要大量的数据，以公开的目标检测数据集 COCO（common objects in context）为例，训练集有 118 287 张图片。多类型表面缺陷的样本搜集困难，要建立一个完善的缺陷数据集难度很大，而使用基于深度学习的视觉检测方法需要大量的样本来提高检测模型的检测精度。缺少足够的样本，使得基于深度学习的视觉检测方法检测精度差，无法投入实际使用。

(2) 缺陷检测难度大。多类型表面缺陷分布在产品的不同位置，缺陷的种类繁多，加上产品本身类型也很多，即使是同一类型的缺陷，如果处在产品的不同部位也可能是一种新的缺陷，并且不同的应用领域对缺陷的严苛程度不一，对缺陷检测的精度要求也不一，因此目前没有哪种模型适用于所有的检测。典型的解决方案就是针对不同缺陷的检测要求，训练一个特定的模型，但是这种方案的缺点也十分明显，无论是时间成本还是经济成本都很高，并且在实际应用中有诸多不便，需要把每一个检测要求看作是新的场景，即使两个需求只有细微的不同，也要训练两个不同的模型，因此所有的成本开销直线上升。

（3）缺陷种类多。不同企业对多类型表面缺陷检测的粒度要求也不同，并且检测的需求（例如，需要增加新的缺陷检测种类）很难通过一个深度学习模型满足所有生产企业的需求。一次性训练一个完善的检测模型，以适用于任意表面缺陷检测的需求，这个想法几乎是不现实的。一个完善的模型通常需要大量的数据集，如果要适用于所有的需求可能就需要几十万或者上百万的图像，收集各种不同缺陷的数据集工作量很大，训练模型的时间成本高、难度大、检测精度低，并且一旦训练完成，如果需要增加新的缺陷检测类别，又需要重新训练。而在深度学习中，生成模型的数量与工作量呈线性增加关系，模型更新、维护和扩展的成本是巨大的，这意味着开发者需要承担巨大的工作量，而企业也需要承担较高的后期成本。因此，如何简化基于深度学习的视觉检测模型的更新和维护工作是在实际落地过程中需要解决的一个难题。

目前市面上并没有十分成熟的基于深度学习的多类型表面缺陷机器视觉检测系统，这也是困扰很多企业的一个难题。

设计一个成熟的基于深度学习的多类型表面缺陷机器视觉检测系统，需要解决三方面的难题：

（1）构建一个完善的数据集，要求各类缺陷样本充足，样本之间数量分布均衡，有高精度的标注，用以支撑检测时的检测性能优化和评估。

（2）构建一个检测精度高、检测速度快的检测器，可以很好地识别形状各异、尺寸微小、位置不同且存在一定的曲面形变的缺陷，同时检测时间要足够短，能满足实时性检测要求。

（3）设计一个算法，使得表面缺陷检测模型可扩展、可更新、易维护，使得视觉检测系统可以在各种场景使用，并且算法可以根据缺陷检测种类的增加、工业环境的变更进行实时调整。

基于深度学习相关技术的视觉检测方法，也存在一定的局限性。深度学习的视觉检测方法往往依赖于大量的样本，并且要求同一类型的缺陷样本满足多样性，以提高模型的泛化性能。但在实际工业应用过程中，往往缺少大量的样本，这使得深度学习的视觉检测方法受到了限制，如果样本数量不够，会导致训练的模型出现严重的过拟合，虽然在训练数据上有很好的模拟效果，但是在实际应用过程中效果很差。与科学研究不同，实际的工业落地除了要验证方法的可行性外，还要部署一个完整的视觉检测系统，除了要考虑目标检测准确率外，还要考虑检测速度是否符合实时性要求，以减少检测设备成本，等等。为了提高检测精度，通常需要用到较为复杂的检测模型，但是复杂的检测模型有着更高的时间成本，所以设计检测模型的时候要综合考量。同时，深度学习需要较高配置的图形处理器（graphic processing unit，GPU），而专业的GPU设备成本高，相应的配置设备也比较贵，如何降低深度学习设备的成本，也是实际工业部署中的重要环节。尽管基于深度学习相关技术的视觉检测方法存在一定的缺陷，但是与传统的视觉检测方法相比还是有较为明显的优势，这个方法已经在工业质检领域中得到了广泛的应用，是未来工业质检的主流趋势。

本书致力于设计一种基于深度学习的多类型表面缺陷视觉检测系统，针对多类型表面缺陷检测的三大难题分别提出了解决方法，并且通过设计完整的缺陷检测系统证明了方案的可行性。

(1) 构建一个能高效生成完整多类型表面缺陷数据集的方法。目前效果最好、最有前景的数据生成方法是通过生成对抗网络来生成数据，因此可以采用生成对抗网络生成大量的多类型表面缺陷图片，从而满足训练一个高精度多类型表面缺陷检测模型的数据量要求。

(2) 构建一个检测精度高、检测速度快的检测器。目前有很多目标检测模型用于工业检测中，其中YOLOv4模型以高精度、高性能得到了广泛的使用。本书对YOLOv4模型进行改进提升，从而得到更高检测精度的表面缺陷检测模型。

(3) 构建快速更新检测模型的简便方法。通过模型迁移的方法可以在一个原有检测模型的基础上快速得到一个新的检测模型，可以满足多类型表面缺陷检测模型可扩展、可更新、易维护的需求。本书设计了一种新的模型迁移方法，可以更高效地对模型进行更新，并且保持高检测精度。

1.2 国内外相关研究现状

产品表面缺陷的检测识别对其质量的提高及其生产工艺的改进具有重要的意义。近年来，产品的外观缺陷检测技术取得了较大的进步。另外，随着深度学习技术的不断更新，相关视觉识别方法也获得了良好的发展，而且在工业应用上取得了不错的效果。本节首先介绍表面缺陷检测方法的研究现状，然后对深度学习领域中的样本生成方法和迁移学习技术的研究现状进行了综述。

1.2.1 表面缺陷检测方法的研究现状

在产品生产过程中，要保证成品的质量，重要任务之一是检查产品的表面。产品表面缺陷检测是质检过程中的重要组成环节。大多数工业产品表面缺陷检测也从最开始的人工检测逐步演化成现在的工业全自动化检测，并开始形成一套标准的规范和系统。比较典型的产品表面缺陷检测方法有传统视觉检测和深度学习视觉检测。

1）传统视觉检测

视觉检测是一种通过光学设备或非接触式传感器自动接收和处理产品图像以获得所需信息的方法。传统视觉检测系统采用合适的光源和工业相机等，配合相应的图像处理算法软件获取产品外观图像特征信息，然后对其进行识别和分类等。视觉检测系统的主要组成包括机械结构、图像采集、图像预处理、图像分析和人机交互等。

在过去的30年里，研究人员对视觉检测系统进行了深入的研究，各种理论和算法层出不穷。Bao等人采用间接扩散照明系统克服待检产品的反射，然后，采用基于频域分析处理技术的平滑带通滤波器从产品表面上提取缺陷信息，为了提高结果的准确性，去除伪缺陷，作者采用面积大小作为参数，滤除噪声，实现缺陷的分割，因为与缺陷相比，噪声总是一些仅占几个像素的孤立点，但是，仅通过噪声的面积信息来过滤噪声，可能会错误地过滤一些原本是缺陷的小面积像素。Manish等人使用局部二元方差模式（local binary patterns，LBP）和局部方差旋转不变测度算子的联合分布来定位缺陷区域，然后使用贝叶斯分类器和支持向量机分类器将检测到的缺陷分为各种缺陷类型。Simler等人运用光学3D扫描仪和可视化系统，从产品的曲率图中找到缺陷区域。Tastimur等人提出了检查镜面反射和涂漆表面的新策略，该方法将缺陷分为三类，即可容忍缺陷、可移除缺陷和导致拒收的缺陷，分类准确率为100%。Wen等人使用面板表面轮廓的3D重建来检测变形，并将表面缺陷的位置提供给机器人标记站，该站使用被动视觉处理技术确定线上零件的姿势和运动轨迹。Zhang 等人提出了一种 3D 激光仿形系统,该系统集成了激光扫描仪和惯性测量装置,以捕获表面轮廓数据,通过比较表面轮廓和标准模型与给定阈值的偏差,确定候选缺陷区域,然后,使用 K-均值聚类将候选缺陷点合并为候选缺陷区域,并使用决策树分类器对候选缺陷区域进行分类。

大多数传统的视觉检测方法适应性不强,相应设备开发成本高,且受设备寿命和制造精度的限制。

2) 深度学习视觉检测

近年来,在工业领域中,目标检测的需求很大,早在深度学习之前,传统数字图像目标检测开始应用于工业领域,因为检测精度不高,所以在工业应用上十分受限,随着深度学习的快速发展,传统视觉方法在目标检测方面精度低的问题得到解决,使得目标检测成功地应用在工业领域。近些年,随着各种深度学习的研究,目标检测得到了非常迅速的发展,各种检测方法层出不穷,且检测精度不断刷新纪录。目标检测在现实生活和工业中已经被广泛使用,属于计算机视觉中较为成功的应用,到目前为止,已经有数十种知名的方法被提出。

Hinton 和他的学生 Alex Krizhevsky 设计的深度学习网络 AlexNet 在 ImageNet 竞赛中以绝对的优势获得冠军,打开了深度学习快速发展的通道。R-CNN 在目标检测中获得了非常惊人的效果,近几年,各种不同目标检测算法被学者们提出,而且检测速度、精度的纪录不断被刷新,目标检测已经是计算机视觉商业化应用中最成功的案例之一。

基于深度学习的目标检测方法主要分为两大类:二阶段目标检测和一阶段目标检测。

二阶段目标检测算法需要通过算法生成候选区域框,再根据候选区域内的特征进行分类和目标检测框的回归,主要以 R-CNN 及其衍生模型为代表。R-CNN 的改进版本,Fast R-CNN 和 Faster R-CNN 相继被提出,进一步提高了检测的精度,并且实现了端到端训练的目标检测网络,大大简化了目标检测网络训练的流程。在 Faster R-CNN 网络的基础上,又衍生出许多改进的目标检测网络。R-FCN 共享了整个网络的计算,将全连接网络应用于 Faster R-CNN,大大地减少了网络的计算量,从而使得目标检测的速度大大提高,在提高检测速度的同时保持高检测精度。FPN 提出了特征金字塔结构,使用多尺度的特征进行检测,解决图像中因目标大小不一而检测难度增加的问题,特征金字塔结构也几乎成为所有目标检测网络必备的结构。虽然二阶段目标检测的精度较高，但是通常检测速度较慢，很难应用于实际工业生产过程中。

一阶段目标检测，不再需要预先生成候选区域框，而是直接在整个特征图上进行目标的分类和参数预测，通常有较高的检测速度，典型的代表有 SSD 和 YOLO 系列。尤其是 YOLO 系列的检测器，不仅有很高的检测速度，而且检测精度也接近二阶段目标检测器，YOLOv4 检测器是目前工业领域应用最广泛的目标检测器。

1.2.2 样本生成方法的研究现状

深度学习是基于数据驱动的方法，其核心思想是学习先验知识，只有保证先验知识的有效性和广泛性，才能训练出有效的深度学习模型。数据是先验知识的唯一来源，只有建立一个有效、完善的数据集，深度学习才能训练出有效、有价值的模型。在整个深度学习的发展过程中，数据匮乏是一个问题，因此数据增强是深度学习领域的一个热点研究。跟传统的图像领域不同，深度学习模型的参数量很大，通常需要大量的训练样本，如果样本数量不足，会造成严重的过拟合，无法应用于实际，但是在工业领域采集大量样本的难度很大，这就导致深度学习在工业领域的应用受到限制。为了解决这个难题，常用的方法是使用小样本训练和数据增强。小样本训练通常受到的约束比较多，在实际应用过程中的提升效果有限。相反，数据增强的提升效果比较明显，因此在工业生产过程中广泛应用。在深度学习领域，数据增强的方法主要分为两大类，传统图像生成法和生成对抗网络生成法。

1）传统图像生成法

传统图像生成法是指在已有图像处理的基础上，通过图像处理的方法进行数据样本的扩增。传统图像生成法包括单样本数据增强和多样本数据增强。单样本数据增强是指在单个图片样本的基础上进行变换，包括翻转、裁剪、变形等几何变换操作和噪声、擦除、填充等颜色变换操作。单样本数据增强简单，生成速度快，几乎可以应用于任何领域，虽然属于早期的研究成果，但现在仍在广泛使用。单样本数据增强的不足在于增强数据之间通常有很强的相似性，对基样本的依赖性很大，导致增强之后提升有限，尤其是当基样本的量很小时，即使生成大量的增强数据，也很难生成一个完善的模型。多样本数据增强能够同时结合多个样本来产生新的样本,常见的有 SMOTE、SamplePairing、Mixup 和 Mosaic 等方法。SMOTE 是基于插值的方法,其核心是在特征空间中相邻两个样本中间做线性插值操作,从而变相增加样本的数量。Sample-Pairing 则是随机抽取两张样本图片,分别对两张样本图片进行翻转等基础数据增强操作,然后按像素取平均值得到新的样本。Mixup 是将两张图片合成为一张新的图片,为了使合成的图片像素之间更平滑,使用调和比例的方式进行合成,从视觉上可以看到是两张图片的合成。多样本数据增强的方法可以生成更多类别的增强数据,生成的样本分布更加广泛。SMOTE、SamplePairing 和 Mixup 这三种增强方法均有其局限性,在目标检测中的效果并不出色。Mosaic 法是从 YOLOv4 模型中提取出来的,并且取得了较好的效果。Mosaic 法是将一张图片分为 4 个部分,每个部分都由不同图片的目标对象组成,大大增加了样本的多样性,同时提高了训练的速度,是目标检测中常用的数据增强方法。

2)生成对抗网络生成法

近几年,随着生成对抗网络的快速发展,数据增强领域也开始使用生成对抗网络来增加新的数据。生成对抗网络一般由一个生成网络和一个判别网络组成,生成网络主要负责图片的生成,而判别网络主要判断图片是不是生成的,两者不断地对抗训练,最终生成“以假乱真”的图片,从而增加训练图片的多样性。生成对抗网络生成法的优点是可以生成任意符合样本规律的新增样本,理论上可以穷尽任意实际存在的样本,从根本上解决样本数据短缺的问题。当然生成对抗网络生成法也有不足之处,要训练一个比较完善的图片生成模型本身就需要较多的图片数据,另外如果图片生成模型生成的图片与实际的样本规律不同,很可能产生负面的影响。虽然可以从视觉上对生成的图片进行筛选,但是当样本特征不是很明显,或者样本较小的时候,这种筛选的作用十分有限。虽然生成对抗网络生成法有一定的限制,但是在数据增强领域的应用前景十分广阔,是解决图像样本不足的研究热点。在传统的数字图像处理中,图像的生成一直是一个难题,到目前为止,传统的数据图像处理并不能提供一种成熟的可以用于图像生成的算法,然而,深度学习的快速发展为图像生成提供了新的研究思路。

2014 年,Ian J. Goodfellow 正式提出了生成对抗网络(generative adversarial networks,GAN)的概念,其优秀的实验性能也宣告图像生成开始进入 GAN 时代。此后在 GAN 的基础上衍生出成千上万的新型生成对抗网络，短短几年的时间生成对抗网络成为深度学习中最热门的研究之一。基于这些生成对抗网络模型，不少学者研究了条件图像生成方法。很多方法考虑加入简单的条件变量，例如，属性或者类标签。还有一些方法以图像作为条件来生成图像，包括图像编辑、域转移以及超分辨率。然而，超分辨率方法只能为低分辨率图像添加有限的细节，无法纠正较大的缺陷。Mansimov 等人通过学习生成画布与估计文本之间的对齐，建立了 AlignDRAW 模型。Reed 等人使用条件像素卷积神经网络(conditional pixel-CNN)生成图像，同时使用对象位置和文本描述约束。Nguyen 等人通过使用近似的 Langevin 采样方法生成以文本为条件的图像。但是，这种采样方法需要一个不断迭代优化的过程，效率很低。

针对自然图像细节建模困难的问题，人们提出了利用多个 GAN 来提高采样质量的方法。Wang 等人利用结构 GAN 和样式 GAN 合成室内场景图像。Yang 等人将图像生成分解为前景生成和背景生成，采用分层递归算法来生成图像。Huang 等人在多层次表示时，添加了几个 GAN 来重建预先训练的判别模型。该方法并不能生成具有照片真实细节的高分辨率图像。Durugkar 等人使用多个鉴别器和一个发生器来增加发生器接收有效反馈的机会，然而，所有的鉴别器在它们的框架中被训练成在一个尺度上的近似图像分布。Denton 等人在拉普拉斯金字塔框架(LAPGAN)内构建了一系列 GAN，在金字塔的每一级，生成以前一级图像为条件的残余图像，然后回传图像生成下一级的输入图像。Abdel 等人在生成器和鉴别器中增加了更多的层，以生成高分辨率图像。在实验设置方面的主要区别是，它们使用了一个更严格的采样规则：从 4×4 像素开始，它们的图像分辨率在连续图像生成阶段增加 2 倍。此外，LAPGAN 和 Progressive GAN 都强调在高分辨率图像中添加更精细的细节。

1.2.3 迁移学习技术的研究现状

随着深度学习的快速发展，迁移学习也成为其中一个研究热点。Chattopadhyay 等人提出利用多个源域的模型对目标域的数据集进行自动化标注，根据源域和目标域边缘分布的差异对每个模型进行权重赋值，然后使用源域模型对目标域中无标注数据集进行相应标注，得到一个伪标签，把生成伪标签的数据和原来的标注数据合在一起，共同训练目标域的模型。Dai 等人提出用算法迭代的方式对源域中的数据进行权重赋值，降低与目标域数据特征分布差异大的源域数据的权重，使用带权重的源域数据和原来的目标域数据一起训练模型，从而提高目标域模型的精度。Lin 等人指出并非所有的源域数据都是对目标有价值的，有一些源域数据还可能对目标域模型产生负影响，因此提出了一种双重筛选源域数据的方法，去除源域中对目标域模型产生负影响的数据集。基于实例迁移的方法相对直接，该方法利用源域中的数据或者模型对目标域中的数据集进行调整，得到优化的目标域数据集，然后用优化后的数据集对目标域模型进行训练，从而提升目标域模型的精度。针对对称特征迁移学习中的同构迁移，Pan 等人提出了迁移元素分析(transfer component analysis，TCA)方法，对目标域数据的特征进行自适应变换，保持源域数据的特征不变，寻找目标域与源域最接近的潜在特征，利用与源域相似的潜在特征对数据进行分类。Ganin 等人借鉴了生成对抗网络中的对抗思想，用一个判别器判断源域和目标域的分布差异，然后用一个分类器在源域上进行训练，通过对抗的方法同时完成分类模型的训练和特征的自适应。Pan 等人使用稀疏自编码器对源域和目标域的数据集进行训练，并用最大均值差异(maximum mean discrepancy，MMD)对源域和目标域的分布进行评估。

针对对称特征迁移学习中的异构迁移，Wang 等人提出使用流形对齐的方法对源域和目标域进行域自适应，通过构造多个特征映射，把多个源域的数据映射到目标域中的特征空间，对目标域中不同源域的数据根据标签进行流形对齐，从而使目标域可以不用源域的数据。对于非对称特征迁移学习方法中的同构迁移，Duan 提出使用多核学习的方法进行特征迁移，并且设计了一种多核学习的框架，通过对多个不同的内核进行线性组合，在训练过程中同时训练模型和核函数，形成基于多核的域迁移学习。针对非对称特征迁移学习中的异构迁移，Kulis 等人提出了一种在源域和目标域进行特征非线性变换的算法，通过监督学习在核空间内实现非线性的自适应学习，可以在异构的非对称特征迁移学习中，实现目标域和源域的自适应。关系迁移学习方法通过建立源域关系模型和目标域关系模型之间的映射关系，完成知识的迁移。Li 等人提出了一个源域和目标域双重自适应框架，解决话题词汇与情感之间的关系在源域及目标域中的映射问题，用自适应的引导算法把源域中带标注的话题词汇和情感之间的关系引入目标域，扩增目标的数据集。Kumagai 针对模型参数的迁移，提出了参数迁移学习过程中的局部稳定概念，并且讨论了参数迁移过程中的学习性和学习边界，分析了参数迁移过程中稀疏编码的学习性能。Chen 等人讨论了极限学习机中模型参数的传递，把源域模型的参数进行正则化，分析目标域模型参数的差异，提出用项目模型来连接源模型和目标模型，使用参数映射的方法在极限学习机中把源域模型的参数传递给目标域，并且通过优化映射矩阵和模型参数的方法来训练模型。

1.3 电动机换向器表面缺陷检测需求分析

本书聚焦于多类型表面缺陷智能视觉检测方法研究，后续章节将以电动机换向器为工程实例，对本书所提方法进行验证。本节对电动机换向器加工过程中易出现的缺陷进行简要分析。

电动机作为机械电子系统的主要动力元件，是现代工业化发展的重要组成部分。电动机的制造属于精密机械作业，要求电动机部件精度高、质量优、无缺陷，所以在生产制造的过程中需要严格的质检标准，零部件质量问题也是电动机在作业过程中产生故障的重要原因。电动机一般由定子、转子、换向器和其他附件组成。换向器作为电动机最重要、最复杂的部件之一，广泛应用于汽车工业、数码办公、电动工具和家用电器等各种需要动力驱动的工业领域（见图 1.1）。在电动机运行时，换向器同时承受离心力和热应力作用，而且不能有变形。因此，需要保证换向器的工作表面具有良好的质量，以及足够的强度、刚度及片间压力，以保证电动机在启动、制动等情况下正常稳定地运行。提高换向器的生产效率，保证换向器外观质量符合检测标准，成为生产企业在换向器生产销售过程中保持优势的重要因素。

(a) 汽车工业

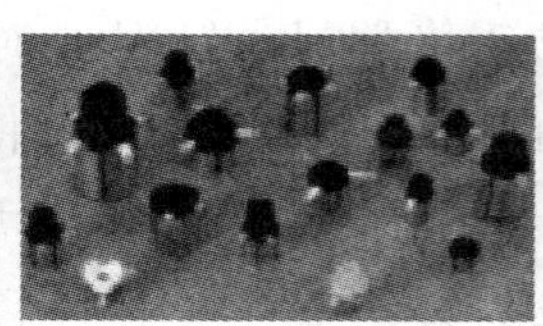
(b) 数码办公

(c) 电动工具

(d) 家用电器

图 1.1 换向器的应用

然而，换向器生产流程繁多、工艺复杂，生产加工过程中对外观质量要求极其严格，生产中产生的细微缺陷都有可能导致换向器在使用过程中产生重大问题，从而影响电动机的应用，进而给产品质量带来很大的隐患。换向器的主要生产过程有铜壳成形、挤塑成形、热处理、车内孔、车外径、铣槽、弯钩和精铰孔等。例如，在铜壳成形阶段，主要用相互独立的冲床完成固定环、内钩和钩角的加工成形，加工过程工艺复杂，产生外观缺陷的工位多，因此，对电动机换向器的生产缺陷需要精确检测。

电动机换向器常见的缺陷种类繁多，缺陷细分类别多达几十种，而且许多缺陷从外观上不易检测，许多缺陷类别的外观相近，非专业的质检工人很难区分电动机换向器的各种缺陷。根据换向器缺陷产生的不同部位，可将电动机换向器柱面缺陷分为外圆打伤、槽边打伤、外圆压印、外圆毛刺、油污和外圆夹渣等类型(见图 1.2)。换向器外圆打伤和槽边打伤主要是指换向器的外圆和槽边存在伤痕，伤痕的长度或者宽度大于 0.5 mm，换向器的伤痕除了使换向器外壳坚硬度降低外，往往还会产生一定的凸痕，容易产生裂纹，影响换向器和定子之间的间隙，从而影响换向器工作。换向器外圆压印是指换向器因受到挤压而产生印痕，一般长度大于 0.4 mm 或者宽度大于 0.2 mm 的压印就会破坏换向器原有的结构，如果压印较大还可能影响换向器旋转过程的平衡性，危害很大。外圆毛刺主要是指换向器的外圆有毛刺，一般长度或者宽度大于 0.2 mm的毛刺容易在换向器转动时脱落，落入换向器的间隙，从而造成换向器不能启动的现象。换向器上的油污有一定的腐蚀性，容易使换向器产生氧化，形成锈斑，最终会严重损坏换向器，导致故障。

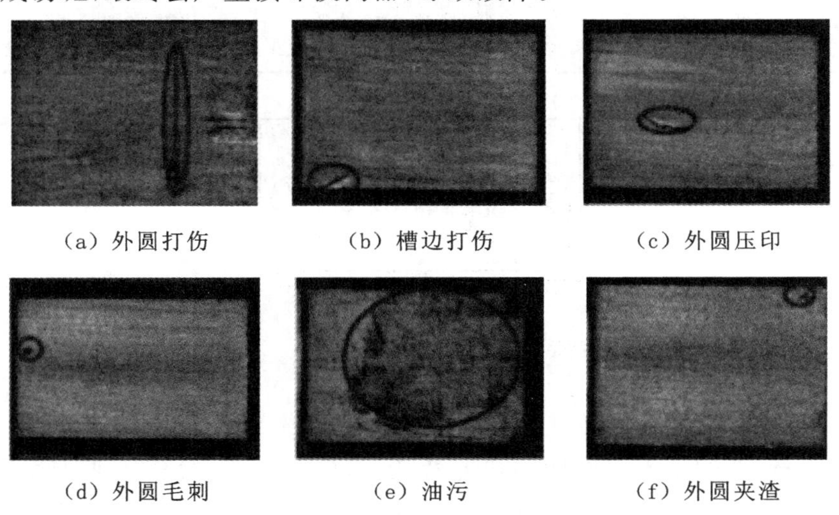

(a) 外圆打伤　(b) 槽边打伤　(c) 外圆压印
(d) 外圆毛刺　(e) 油污　(f) 外圆夹渣

图 1.2　换向器的柱面缺陷

1.4 本书主要工作

本书在全面调研工业领域缺陷检测现状的过程中，发现工业领域中的表面缺陷检测存在样本数量不足、检测精度和实时性要求高、缺陷种类繁多等各种难题，导致在进行多类型表面缺陷检测时，基于机器视觉的检测方法在实际应用时十分困难。为了解决这些难题，本书针对缺陷样本稀少且样本搜集困难、缺陷检测算法模型多且检测成本高、缺陷类型繁多且检测场景复杂等问题，提出了基于深度学习的技术解决方案，采用生成对抗网络、目标检测网络和迁移学习等前沿的深度学习技术建立了完善的缺陷样本数据集，提高了缺陷检测的精度，并且快速地训练检测不同种类缺陷的新模型。最后还介绍了一个多类型表面缺陷智能视觉检测 Web 在线系统，这个系统整合了三种技术方案，可以实时显示多类型表面缺陷检测的效果。本书一共分为 6 章，具体的组织结构如图 1.3 所示。

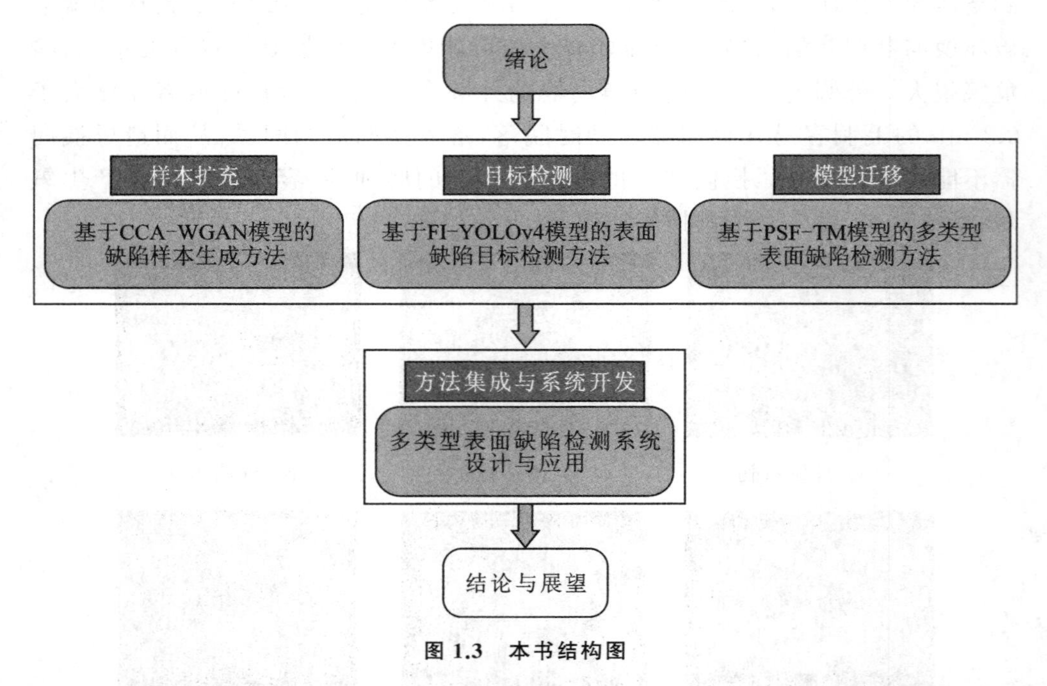

图 1.3　本书结构图

第 1 章，介绍了本书课题的研究背景、目的和意义，分析了表面缺陷检测方法、样本生成方法和迁移学习的国内外研究现状；介绍了电动机换向器表面缺陷的类型及危害，明确了电动机换向器表面缺陷检测的需求。

第 2 章，用生成对抗网络的改进模型解决了缺陷样本稀缺的问题。针对缺陷的生成，本章设计了 Condition-based WGAN 模型，使用梯度惩罚的方法解决了 WGAN 模型中判别器无法获取数据高阶矩的问题，通过设计分类信息网络解决了 WGAN 模型中无法感知子类特征分布差异的问题，并且设计了跳跃残差连接的编码器-解码器结构的生成器，提高了生成器的图像生成能力，提高了生成图片的质量，有效地解决了 WGAN 模型中复杂图像的生成问题；针对缺陷部分与整体图像的融合，设计了 Context-based WGAN 模型，通过引入缺陷部位的上下文信息，使得生成的缺陷图像与整体的缺陷图像融合得更自然，大大简化了缺陷图像的生成过程。本书通过 CCA-WGAN 模型建立了一个样本丰富的换向器缺陷数据集。

第 3 章，针对著名的目标检测网络 YOLOv4 提出了改进方案，设计了 S-ResA 单元，通过多感受野卷积和注意力机制，解决了 YOLOv4 骨干网络中特征尺度单一和不区分特征重要性的问题；设计了 B-SPP 模块，混合使用最大池化和空洞卷积，解决了 YOLOv4 中 SPP 模块特征高度相似的问题；设计了跨层特征金字塔网络，解决了 YOLOv4 特征金字塔模块中特征融合不充分、语义信息丢失的问题；设计了特征自适应模块，解决了 YOLOv4 中单尺度特征预测的问题，并且通过设计损失函数 Federal Focal Loss，解决了 YOLOv4 中检测框筛选指标和评估指标不一致的问题，全方位地提高了缺陷检测的精度与效率。对比换向器缺陷检测数据，改进后的 YOLOv4 模型的目标检测评估指标 AP_{50} 提高了 8.6 个百分点。

第 4 章，提出了使用迁移学习的方法解决产品类型多且检测场景复杂的难题，使得不同类型缺陷或者不同场景下的缺陷检测模型可以快速迁移；提出了渐进式迁移的方法，解决了模型迁移中知识经验保留率低的问题；设计了子网络采样训练和子网络集成预测的方法，解决了模型迁移过程中，陷入训练时的局部最优的问题，有效地防止了模型过拟合的现象，使得缺陷检测模型以稳定、快速和高检测精度的方式转移到一个新的模型中。相比于常规的模型参数迁移和冻结模型参数迁移，检测精度 AP_{50} 分别提高了 27.6 和 21.9 个百分点，并且训练时间只有原来的一半，可以很好地解决换向器缺陷检测中缺陷类型多、检测场景复杂的问题。

第 5 章，开发了一个多类型表面缺陷检测 Web 在线系统，整合了生成对抗网络、目标检测网络和迁移学习等技术,实现了模型训练、数据可视化、数据分析和实时检测等功能,满足了工业领域换向器缺陷实时检测的需求,可以实时显示换向器缺陷检测的结果。

第 6 章,对本书的研究内容进行归纳总结,并阐述了下一步的工作方向和愿景。

2　基于 CCA-WGAN 模型的缺陷样本生成方法

2.1　引　言

在用深度学习方法检测表面缺陷的过程中，缺陷样本数据不足和搜集困难是需要面临的问题，为了解决该问题，本章使用深度学习中生成对抗网络(GAN)方法生成表面缺陷图像，从而构建一个完善的缺陷检测数据集，为训练一个高性能的检测器提供有效的数据支撑。

本章对 WGAN 的理论知识做了详细的阐述，研究了 WGAN 网络生成接近现实数据集的理论依据和可行性。为了提升生成表面缺陷图像样本的效果，本章提出了一个基于 WGAN 的改进模型——CCA-WGAN，先通过基于条件的(condition-based)WGAN 模型的缺陷图像生成方法，生成各种类别的缺陷图像，再通过基于文本的(context-based)WGAN 模型的缺陷图像融合方法，使生成的缺陷图像与背景图像融合，生成对应缺陷样本。

本章设计的方法在换向器数据集和公开的钢板数据集上都进行了详细的对比实验，实验结果证明，改进的 CCA-WGAN 模型有更好的缺陷样本生成效果，同时通过对比生成后的数据集和真实数据集，验证了通过生成对抗方法生成表面缺陷图像的可行性，最后利用该方法建立了一个数据量丰富的缺陷数据集。

2.2 图像生成和图像融合理论分析

2.2.1 图像生成

1) WGAN 网络

本节主要分析 WGAN 在图像生成中的作用和相应的原理,使本章提出的通过生成对抗网络来生成缺陷图像的方案更容易被理解。

GAN 的出现在深度学习中是里程碑事件,在 GAN 的基础上衍生出了许多其他类型的生成对抗网络。在 GAN 中,生成器和判别器用的都是全连接结构,DCGAN 使用卷积和转置卷积设计了全连接层,引入了批量归一化、Leaky ReLU 等网络优化技巧,使得网络训练更加稳定,并且最终生成器的生成效果也更好。条件 GAN(conditional GAN,cGAN)的提出引入了额外的条件信息,对图片生成提供更多的引导,并且把条件重建的误差和对抗训练损失相结合,提升生成器生成图片的质量。其中最经典的要数 WGAN,WGAN 对 GAN 容易模式坍塌的问题做了理论分析,提出使用 Wasserstein 距离代替 GAN 中的损失函数,使网络的梯度更加稳定,并且 Wasserstein 距离可以作为模型的量化指标,使得网络的收敛过程有了可以参考的标准。

WGAN 提出用真实样本和生成样本之间的 Wasserstein 距离作为损失函数,代替 GAN 中二分类损失函数,Wasserstein 距离用来度量两个概率分布之间的距离,作为一个衡量生成样本和真实样本分布差异的连续度量值,可以避免因为使用 KL 散度(Kullback-Leibler divergence)衡量分布差异而导致的模式坍塌问题和因为判别器损失函数不连续而导致的 JS 散度(Jensen-Shannon divergence)问题,可以大大提高生成器生成图片的能力。因此,把 Wasserstein 距离作为判别器的损失函数可以在生成对抗的过程中提供更有效的梯度,从而使训练的过程更加稳定,最终生成的图片样本质量也越好。真实样本和生成样本的 Wasserstein 距离的定义为

$$W(P_r, P_s) = \inf_{\delta(x,y) \in \Pi} E_{(x,y) \sim \delta} \| x - y \| \tag{2.1}$$

其中,P_r 表示真实图片的样本分布(如真实的换向器缺陷图片);P_s 表示生成图片的样本分布(如生成的换向器缺陷图片);Π 表示真实样本和生成样本所

有联合分布的集合(如真实换向器和生成换向器的缺陷图片的联合集合);δ 表示所有联合分布集合的一个子集(如真实换向器和生成换向器的缺陷图片联合集合的子集,可以是部分真实的换向器缺陷图片和部分生成的换向器缺陷图片的联合集合);x 表示真实图片样本中的随机样本;y 表示生成图片样本中的随机样本。

从真实图片样本中取出一个样本 x,从生成图片样本中取出一个样本 y,Wasserstein 距离就是样本对(x,y)距离的期望值。在所有可能的联合分布 δ 中,找到一个联合分布使得 Wasserstein 距离的期望值有一个最小的确定边界,也称为推土机(earth mover,EM)距离。EM 距离是用沙土挪动问题来定义的,可以看作把 N 堆"沙土"(生成样本分布)移到指定位置(真实样本分布)所需要的"最小消耗"(最小期望值),即找到一个最优的路径规划(联合分布)。

Wasserstein 距离的优势在于分布没有重合的时候,依然可以提供有价值的信息,可以用来量化表示两个分布的相似度,表示相似度的物理量还有 KL 散度和 JS 散度。假设存在分布 P(如真实的换向器缺陷图片)和 Q(如生成的换向器缺陷图片),

$$Y\in U(0,1),X=\begin{cases}0, & \forall(X,Y)\in P\\ \rho, & \forall(X,Y)\in Q\end{cases} \tag{2.2}$$

其中,X(如图像的信噪比)和 Y(如图像的像素众数)是 P、Q 分布的两个维度的特征。

当 $\rho\neq 0$ 时(如图像的像素众数不相等时),

$$D_{\mathrm{KL}}=\begin{cases}\sum\limits_{X=0,Y\in U(0,1)} 1\cdot\lg\left(\dfrac{1}{P}\right)\to+\infty, & D_{\mathrm{KL}}=D_{\mathrm{KL}}(P\parallel Q)\\ \sum\limits_{X=\rho,Y\in U(0,1)} 1\cdot\lg\left(\dfrac{1}{Q}\right)\to+\infty, & D_{\mathrm{KL}}=D_{\mathrm{KL}}(Q\parallel P)\end{cases} \tag{2.3}$$

其中,D_{KL}表示 KL 散度的距离,$D_{\mathrm{KL}}(P\parallel Q)$表示把分布 P(如真实的换向器缺陷图片)转化成分布 Q(如生成的换向器缺陷图片)需要付出的代价,$D_{\mathrm{KL}}(Q\parallel P)$表示把分布 Q(如生成的换向器缺陷图片)转化成分布 P(如真实的换向器缺陷图片)需要付出的代价。

KL 散度的距离可以用来表示分布 P 和分布 Q 的相似度,KL 散度的距离越小,表示分布 P 和分布 Q 越相似;KL 散度的距离越大,则表示分布 P 和分布 Q 差异越大。KL 散度的距离有一个不足就是两个分布的相互距离是非对称的，并且存在不连续的问题。

$$D_{JS}(Q \parallel P)=D_{JS}(P \parallel Q)=\frac{1}{2}\left(\sum_{X=0,Y\in U(0,1)} 1\cdot \lg\left(\frac{1}{\frac{1}{2}}\right)+\sum_{X=\rho,Y\in U(0,1)} 1\cdot \lg\left(\frac{1}{\frac{1}{2}}\right)\right)=\lg 2 \tag{2.4}$$

其中，D_{JS}表示JS散度的距离，JS散度的距离越小，表示分布P和分布Q越相似；JS散度的距离越大，表示分布P和分布Q差异越大。JS散度虽然解决了KL散度的非对称问题，但是没能解决不连续的问题。

$$D_{\text{Wasserstein}}(Q \parallel P)=D_{\text{Wasserstein}}(P \parallel Q)=|\rho| \tag{2.5}$$

其中，$D_{\text{Wasserstein}}$表示Wasserstein距离，Wasserstein距离越小，表示分布P和分布Q越相似；Wasserstein距离越大，则表示分布P和分布Q差异越大。Wasserstein距离不仅解决了KL散度的非对称问题，还解决了不连续的问题。

当$\rho=0$时，即两个分布完全重合，三种散度的距离都为0。当$\rho\neq0$时，KL散度的距离为$+\infty$；JS散度的距离在$\rho=0$时，会发生阶跃，并且不可微；而Wasserstein距离可以提供更加平滑的结果，进而更加有效地反映两个分布的远近，提供更加有意义的更新梯度。

Wasserstein距离可以很好地表示两个分布之间的差异，但是Wasserstein距离无法直接作为生成对抗网络的损失函数，这是因为根据Wasserstein距离的定义无法直接求出其下界，并且在训练过程中损失函数必须是连续的，直接从公式(2.1)中获取Wasserstein距离是十分困难的。因此，依据Kantorovich-Rubinstein二元性，可以把Wasserstein距离做变换，改写为

$$\max_{D} E_{x\sim P_r}[D(x)]-E_{y\sim P_s}[D(y)] \tag{2.6}$$

其中，D表示生成对抗网络中的判别器；E表示期望；P_r表示真实样本分布（如真实的换向器缺陷图片集合）；x表示真实样本（如真实的换向器缺陷图片样本）；P_s表示生成样本分布（如生成的换向器缺陷图片集合）；y表示生成样本（如生成的换向器缺陷图片样本）。

在训练的过程中，生成器可以通过反复优化，使得生成样本分布尽可能地接近真实样本分布，从而求出EM距离的近似解。在生成对抗网络中，一个符合正态分布$P(z)$的随机噪声变量z，通过生成器网络转换为一个生成样本，所以可以把y看成$G(z)$（如生成的换向器缺陷图片），G表示生成器，则把EM距离转换为

$$\max_{D} E_{x\sim P_r}[D(x)]-E_{z\sim P(z)}\{D[G(z)]\} \tag{2.7}$$

其中，D 表示生成对抗网络中的判别器；E 表示期望；P_r 表示真实样本分布（如真实的换向器缺陷图片集合）；x 表示真实样本（如真实的换向器缺陷图片样本）；$P(z)$ 表示生成样本分布（如生成的换向器缺陷图片集合）；$G(z)$ 表示生成样本（如生成的换向器缺陷图片样本）；z 表示随机生成的噪声变量。式(2.7)把求最小确定边界的问题转换为求最大值问题，即求真实样本和生成样本的 EM 距离。EM 距离越小，真实样本和生成样本越相似，EM 距离越大，真实样本和生成样本差异越大。因此，在 WGAN 的训练过程中生成器的损失函数为

$$\min_{G}\max_{D} E_{x\sim P_r}[D(x)]-E_{z\sim P(z)}\{D[G(z)]\} \tag{2.8}$$

通过优化模型，使式(2.8)的值尽可能小，从而使得真实样本和生成样本的 EM 距离尽可能小（即使得生成的换向器缺陷图片和真实的换向器缺陷图片尽可能相似）。判别器为了更好地区分真实样本和生成样本，需要使真实样本和生成样本的 EM 距离尽可能小（即使得生成的换向器缺陷图片和真实的换向器缺陷图片的差异尽可能大，从而更容易判别）。因此，在 WGAN 的训练过程中判别器优化的代价函数可以是

$$\max E_{x\sim P_r}[D(x)]-E_{x\sim P(z)}\{D[G(z)]\} \tag{2.9}$$

因为真实样本 x（真实的换向器缺陷图片）不是变量，所以 $E_{x\sim P_r}[D(x)]$ 可以看作是一个常量，在模型优化的时候可以忽略。此外，模型在优化过程中，优化的目标应当是使损失函数尽可能小，所以在 WGAN 的训练过程中用判别器的损失对判别器 D 进行优化，使真实样本和生成样本的 EM 距离尽可能大。生成器的损失函数为

$$\min E_{z\sim P(z)}\{D[G(z)]\} \tag{2.10}$$

对生成器进行优化，使真实样本和生成样本的 EM 距离尽可能小，因为在生成器优化的过程中，$E_{x\sim P_r}[D(x)]$ 可以看作常数项。

2）WGAN 存在的问题

WGAN 模型在训练的过程中通过 Wasserstein 距离指导模型进行优化训练，将 Wasserstein 距离作为一个可以评估模型好坏的量化指标，还将 Wasserstein 距离作为损失函数来监督生成器和判别器的训练。但是在原始的 GAN 模型中，判别器只进行简单的二分类，识别出图片是真实的样本还是生成的样本，因此在判别器的最后一层使用二分类的 Sigmoid 函数。WGAN 模型使用 Wasserstein 距离作为损失函数时，可以寻找两个相似图片样本的特

征分布，希望 Wasserstein 距离越小越好，本质上是一个回归任务，因此在网络的最后一层不再需要 Sigmoid 函数。虽然 WGAN 模型通过减小 Wasserstein 距离可以很好地学习图片样本的特征分布，但是 WGAN 模型更加关注整体的图片样本，并不会刻意区分图片中子类样本的分布。当需要生成的图片是单类别或者图片子类之间的特征分布差异很大时，Wasserstein GAN 模型就可以很好地适应，但是当需要生成的图片是多类别且类别之间的特征分布差异较小时，WGAN 模型就无法胜任这类任务了。

本书需要生成换向器缺陷图片，刚好属于这类任务，换向器缺陷类别多，并且许多子类之间的差异比较小，因此通过 WGAN 模型生成的图片很难分辨属于哪一类换向器缺陷。同时，WGAN 模型的生成器只能生成随机类别的图片，无法生成特定类别的图片，这在实际的应用过程中也会受到很大的限制，比如需要扩充某一类别的换向器缺陷时，生成器无法确定地生成该类换向器缺陷图片。

另外，WGAN 在训练过程中引入了 K-Lipschitz（利普希茨）约束的思想，在训练过程中，对模型的权重在一定范围内进行截断，这一操作很好地保证了训练过程的平稳性，不容易造成生成器、判别器失衡。但是在训练过程中对模型进行权重“剪枝”，会造成模型收敛慢，并且容易陷入局部优化，从而无法达到模型全局最优化。主要的原因有以下两点：

(1) WGAN 模型在训练的过程中对模型参数在一定范围内截断，例如将判别器中的模型参数限制在[−0.1，0.1]的范围内，容易导致模型在优化过程中出现严重的两极分布，使得模型参数的值不是被优化为−0.1，就是被优化为 0.1，从而导致判别器被训练成一个非常简单的分类网络，只能提取到图像的浅层特征，因而只能做一些简单的分类，这与希望有一个分类能力强大的判别器的想法相违背。判别器本身是一个深度网络，拥有很强的分类潜能，而 WGAN 模型这种把模型参数限制在一定范围内的做法，大大地限制了判别器的分类能力。在生成对抗网络中，生成器和判别器的能力是相辅相成、相互影响的。判别器分类能力下降，导致判别器给生成器的反馈变弱，梯度后传的效果也变差，最终影响生成器生成图片的质量。

(2) 因为 WGAN 模型需要对模型的参数范围进行“剪枝”，所以如何选择参数范围是一个难题。如果模型参数截取的范围过大，则对模型“剪枝”的作用很好，如果模型参数截取的范围过小，则易大大减弱模型功能，并且容易导致梯度爆炸和梯度消失等问题。WGAN模型并没有给出一个明确的方法来确定模型参数的截取范围,这会给不同生成器、判别器和不同的图像生成任务带来困扰。

考虑到WGAN模型存在以上两点不足,原生的WGAN模型很难胜任本书的换向器缺陷图片生成任务,因此本章提出了基于WGAN模型的改进模型——Condition-based WGAN,并对WGAN模型中的不足进行了针对性的改进。

2.2.2 图像融合

在缺陷样本的生成过程中,为了使生成的样本更加接近真实图片,本书设计方案的思路主要是通过改进的生成对抗网络生成缺陷部分图像,然后把生成的缺陷部分图像跟背景图像合成为一张图片。这就涉及图像的融合过程,一个好的图像融合方法可以使生成的缺陷样本更加真实。

传统的图像融合方法要求融合的图像有相似的特征,例如不同时间或者不同光线下拍的同一个地方的照片,虽然也可以对不同内容的图像进行融合,但是融合的效果没有那么真实自然。在本书的任务中,图像缺陷部分和背景图像局部融合,两者在空域或者频域上的特征分布差异可能比较大,如果通过传统的数字图像处理融合方法进行融合,则达不到理想的效果。

随着深度学习的发展,一些研究开始使用深度学习的方法对图像进行融合,其中比较经典的是高斯-泊松生成对抗网络(Gaussian-Poisson GAN,GP-GAN)。GP-GAN使用高斯-泊松方程来解决图像的融合问题,利用梯度和颜色信息的共同约束,使用生成对抗网络对图像进行融合。在GP-GAN中,为了提高颜色映射效果,提出了混合GAN(blending GAN)模型来学习融合前图像和融合后图像的映射关系。GP-GAN由两个分支组成,分别是混合GAN模型和图像的梯度,混合GAN生成分辨率较低的目标图像,然后使用高斯-泊松方程来生成目标图像的梯度和颜色信息。

本章设计的Context-based WGAN模型在改进WGAN模型的基础上引入图像的上下文信息,使得生成器在生成缺陷图像的时候除了考虑缺陷部分的特征分布外,还考虑缺陷部分周围像素的特征分布。生成缺陷图像的时候,如果生成器既要生成样本背景又要生成缺陷,就增加了很多工作量,如果生成器仅仅学习缺陷部分，就很容易导致生成的缺陷图像和背景图像格格不入。假设由人来完成这项任务，则会根据周围的纹理、颜色等信息，画出跟周围信息相适配的缺陷，基于此种考虑，为了生成效果更好的缺陷样本，我们应该让生成器也学习缺陷周围的信息，即获取缺陷的上下文信息，从而让生成器既学习样本背景又学习缺陷。Context-based WGAN 模型在生成器的编码器部分引入上下文信息，该编码器将图像上下文捕获为紧凑的潜在特征并且和缺陷部分的特征紧密地融合在一起，从换向器缺陷的上下文中获取换向器缺陷的结构化信息（如纹理）和色彩信息，把高层的上下文信息编码到缺陷像素中，引导生成器生成更适合该样本的缺陷，该生成器即基于上下文信息的生成器。

2.3 基于 CCA-WGAN 模型的缺陷样本生成方法设计

本节详细介绍了基于 WGAN 的改进模型——CCA-WGAN 的设计，并且对改进方案的有效性进行了理论证明。

2.3.1 基于 Condition-based WGAN 模型的缺陷图像生成方法设计

1）模型结构设计

（1）生成器模型设计。

为了进一步增强生成对抗网络的训练效果，提高生成器生成图片的质量，本节对生成器重新设计了新的网络结构，使得 WGAN 模型有更好的训练效果。WGAN 模型使用了两种不同结构的生成器和判别器，一种是主要通过全连接相连的生成器和判别器，另一种是通过深度卷积网络相连的生成器和判别器。针对图像生成这个任务来说，通过深度卷积网络相连的生成器和判别器通常会有更好的生成效果。在 WGAN 模型中，通过深度卷积网络相连的生成器网络结构如图 2.1 所示。

在 WGAN 模型中输入一个尺寸为 $1\times1\times100$ 的随机噪声图，或者说一个 100 维的随机向量，然后通过 5 次上采样，除了第一次是上采样 4 倍以外，其余四次都是上采样 2 倍，所以特征图的卷积核尺寸依次为 1×1、4×4、8×8、16×16、32×32，最后输出一张尺寸为 $64\times64\times3$ 的生成图片，因此可以把 WGAN 模型

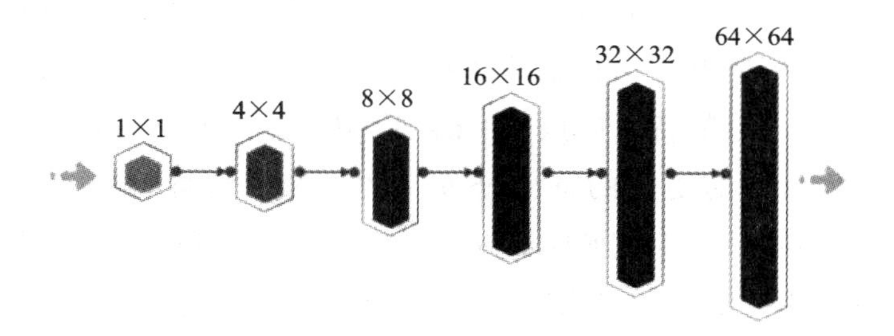

图 2.1 WGAN 模型中的生成器网络结构图

的生成器看成一个解码结构，把输入的 100 维随机向量通过转置卷积实现上采样，逐渐把 100 维随机向量解码成一张 64×64×3 的图片。生成器的作用就是把一个 100 维的通道特征转变成 64×64 的空间特征，所以当需要生成的图片内容简单、形式相对单一的时候，WGAN 模型的生成器可以很好地满足需求，但是当需要生成的图片内容复杂、形式多变且需要注重细节的时候，WGAN 模型的生成器就很难胜任，因此，本节设计了一个基于编码器(encoder)-解码器(decoder)的生成器网络结构，从而增强了生成器生成图片的能力，其网络结构如图 2.2 所示。

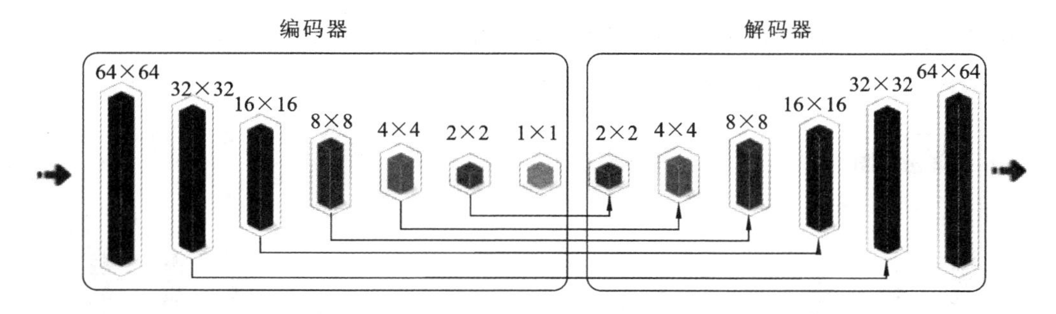

图 2.2 基于编码器-解码器的生成器网络结构图

在 WGAN 模型中，生成器只使用了解码器部分，所以生成器生成图片的能力有限。为此，又引入了一个特征编码器，进一步提高生成器生成图片的能力，并且网络的输入信息不再是一个 100 维的随机向量，而是一个 64×64×3 的随机噪声图。上面提到，WGAN 模型生成器的作用是把一个 100 维的通道特征转变成 64×64 的空间特征，而本节引入编码器的生成器的作用就是把一个 64×64 的空间特征映射到另一个 64×64 的空间特征，因此本节设计的生成器有更好的图片生成能力。另外，从解码器的部分来看，WGAN 模型的解码器输入的是一个随机向量，而本节的基于编码器-解码器的生成器，解码器部分输入的是一个经过编码、训练学习过的特征向量，相比随机向量有更好的特征分布，因此编码器编码之后的图片也有更好的特征分布。WGAN 模型解码器的第一阶段进行了 4 倍上采样，而本节的生成换向器缺陷任务需要关注图片的细节，直接进行 4 倍上采样容易丢失生成图片的部分细节，因此本节把 4 倍上采样分解为 2 次 2 倍上采样，所以在编码器阶段有 6 次下采样，在解码器阶段有 6 次上采样。

虽然把生成器网络改成编码器-解码器网络结构后，生成器生成图片的能力大大增强了，但是又带来了另一个问题。由于生成器网络层数的增加，生成器的不确定性也增加了，为了解决这个问题，本节在编码器和解码器之间又引入了残差连接，在编码器和解码器相对应的层之间添加一个可以直接传输特征的快速通道，解码器通过这个快速通道直接传输编码器的特征，从而避免网络不确定性的增加。考虑到编码器输入的是一个随机的噪声图，没有很强的特征性，因此编码器的第一层和解码器的最后一层之间没有添加残差连接。

上文中提到，为了提高生成器的分类能力，输入时需要额外输入一个 One-hot 分类向量，即除了要输入一张 64×64×3 的随机噪声图外，还需要输入一个 8 维（本节任务中需要生成 8 种换向器缺陷）的向量。本节设计的 Condition-based WGAN 模型生成器网络结构如图 2.3 所示。

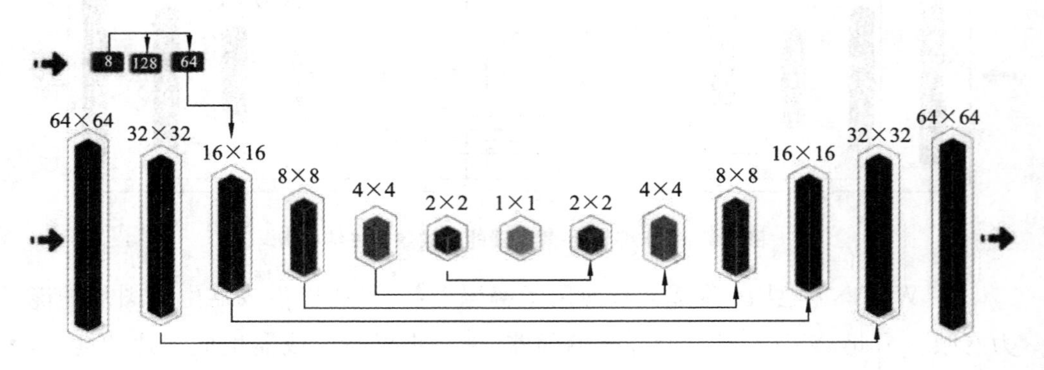

图 2.3　Condition-based WGAN 模型生成器网络结构图

因为生成器需要额外输入一个 8 维的向量，因此生成器中又增加了一个小型的全连接分支网络，该全连接网络一共有 3 层，包括输入层、隐藏层和输出层。输入层输入一个 8 维的向量，隐藏层的单元数为 128 个，输出层输出一个 64 维的向量，隐藏层使用ReLU激活函数，输出层使用Sigmoid激活函数，因此输出的64维向量的模在0～1之间。

编码器第三层的特征图尺寸为16×16×64，分类信息通过全连接网络之后生成64维的向量，本节用这个64维的权重向量对特征图的64个通道进行调整，使编码器第三层特征图中的每一个像素值都乘以相对应的权重值，第三层的特征图可以根据生成图片的分类信息进行通道的调整，得到一个新的特征图，新的特征图再编码生成图片的分类信息，从而使网络在训练的过程中学习不同换向器缺陷类别的特征分布，因此生成器生成的图片有更好的质量。

输入分类信息是为了让网络可以更好地区分不同缺陷的子分布，如果不添加分类信息，则输入网络的图像符合同一个分布，映射到另一个图像分布中，更确切地说是映射到8个不同的子分布中。如果输入的图像也呈现相应的8个子分布，网络模型更容易学习到子分布与子分布之间的映射，而此时判别的Wasserstein距离也会更小。如果单纯使用分类信息对8个类别的缺陷进行映射，虽然模型很容易学习到映射关系，但是生成图片的分布会极度单一，从而造成模型无效。如果单纯使用正态分布的噪声图，把一个分布映射到8个子分布之中，就会导致这种映射关系不可控，且子分布之间容易交叉映射。因此，把正态分布和缺陷的分类信息结合在一起，让输入的图像分布也呈现8个内部子分布。

理论上讲，8个输入子分布和输出子分布建立一对一的映射关系时，判别器的Wasserstein距离最小。把分类信息输入到第三层特征层，就可以充分地编码并融合，还能让分类信息的编码层有足够的通道数，从而对输入图像的分布产生影响。

如图2.3所示，生成器模型由编码器和解码器组成。编码器的作用主要用于提取输入信息的特征，解码器的作用是根据提取的特征映射出新的图片。通过训练编码器和解码器可以把输入的随机信息 S（正态分布）和分类信息 C 映射成换向器缺陷图片，经过对编码器和解码器的 T 次优化之后，得到最终的生成模型。生成器和判别器是一起协调训练的，具体的算法流程见表2.1。

表 2.1　Condition-based WGAN 模型生成器和判别器训练的算法

初始状态：

S：初始随机图片；C：分类信息；T：训练时间；P_r：真实换向器缺陷图片；P_G：生成换向器缺陷图片；L：损失

```
t=0
while t < T do
    S_t ~ 初始随机图片
    C_t   分类信息
    中间特征＝编码器_t([S_t,C])
    Gimage＝解码器_t(中间特征)
    L_G＝判别器_Wasserstein(P_G,P_r)
    L_G 梯度向后传播
    生成器优化器([编码器_t,解码器_t])
    编码器_t 梯度置 0
    解码器_t 梯度置 0
    L_G＝判别器_Wasserstein(P_G)
    L_r＝判别器_Wasserstein(P_r)
    L_D＝L_r－L_G
    L_G 梯度向后传播
    判别器优化器(判别器_Wasserstein)
    判别器梯度置 0
End
换向器缺陷生成器([编码器_T-1,解码器_T-1])
```

（2）判别器模型设计。

本节判别器的主体部分和 WGAN 模型判别器的网络结构相同，但是因为本节需要把额外的分类信息输入到判别器当中，因此在判别器的主体网络之外添加了一个全连接网络，具体的网络结构如图 2.4 所示。

本节判别器的深度卷积网络分为 6 部分，网络的输入信息为尺寸为 64×64×3 的图片，经过卷积核为 4×4、步幅为 2 的卷积之后，特征图的尺寸依次变为 32×32×64、16×16×128、8×8×256、4×4×512，最后经过卷积核为 4×4、步幅为 1 的卷积输出一个预测值（度量值），即真实换向器图片度量值与生成换向器图片度量值之间的距离，也就是 Wasserstein 距离，除最后一层的卷积之

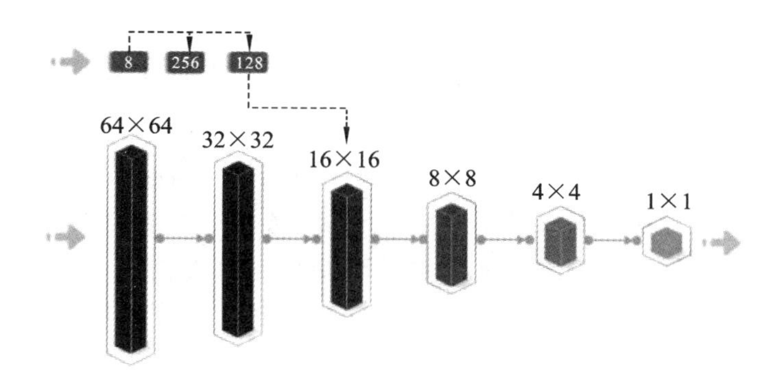

图 2.4　Condition-based WGAN 模型判别器网络结构图

外，每次卷积之后都会使用 Leaky ReLU 作为激活函数，进行一次批量归一化操作和激活操作。另外，判别器还有一个 8 维的 One-hot 分类向量作为输入信息，所以在判别器之外又增加了一个全连接网络。判别器的全连接网络与生成器的全连接结构一样，但是隐藏单元和输出维度的个数不同，在生成器中隐藏单元的个数为 128，输出向量的维度为 64，但是在判别器中隐藏单元的个数为 256，输出向量的维度为 128，这主要是因为生成器中第三层的特征通道数为 64，而判别器中第三层的特征通道数为 128，分类信息通过训练之后形成一个权重向量，因此生成器的通道数需要与判别器的通道数保持一致。同样，判别器中的分类信息通过全连接网络训练一个权重向量，然后根据这个权重向量对判别器第三层的通道特征图乘以相应的权重系数，从而把需要生成图片的分类信息编码到判别器的特征图中，使判别器可以获取需要生成图片的分类信息，从而更好地区分不同缺陷类别之间的特征分布，提高判别器的监督能力，最终提高生成器生成图片的质量。

如图 2.4 所示，判别器通过一个卷积网络算出真实换向器图片和生成换向器图片的度量值，通过这个度量值计算真实换向器图片和生成换向器图片的 Wasserstein 距离，具体的算法流程如表 2.1。

2）目标函数设计

WGAN 模型在训练过程中因为无法感知图片样本内部的子类分布，所以在模型优化的过程中统一对待各个类别的图片。当图片样本两个子类的特征分布相似的时候，生成器生成的图片可能是两个子类的混合类别，生成图片与两个子类都相似，但无法区分生成的样本具体属于哪个子类，这在本节的换向器缺陷图片生成任务中是完全无法接受的。

因此，本节提出使用额外的信息，让 WGAN 模型获取图片样本内部的子类分布，让生成器和分类器在训练的过程中有意识地区分不同子类之间的特征分布。生成器在输入的过程中，除了要输入噪声图片外，还需要输入子类的分类信息，在本节任务中就是输入需要生成换向器缺陷类别的信息，可以用 One-hot 向量来表示换向器缺陷图片的分类信息。除了给生成器输入额外的分类信息外，还需要告诉判别器换向器缺陷图片的分类信息，因此对判别器也需要额外输入一个 One-hot 分类向量，告诉判别器在当前缺陷类别下，生成图片和真实图片的 Wasserstein 距离值。因此，Condition-based WGAN 模型判别器的损失函数为

$$L_{\mathrm{D}}=\min\left(E_{x\sim p\mathrm{data}(x)}\left[D_{w}(x\mid y)\right]-E_{z\sim pz(z)}\left[D_{w}(z\mid y)\right]\right) \tag{2.11}$$

Condition-based WGAN 模型生成器的损失函数为

$$L_{\mathrm{G}}=\min\left(-E_{z\sim pz(z)}\left[D_{w}(z\mid y)\right]\right) \tag{2.12}$$

其中，x 表示真实图片样本分布；z 表示生成图片样本的分布；y 表示样本的分类信息。通过在判别器和生成器引入分类信息 y，告诉判别器和生成器当前生成样本所属的缺陷类别。由于对生成器在输入的过程中输入了类别信息，因此在实际应用过程中可以通过输入换向器缺陷类别的信息，告诉分类器生成特定类型的换向器缺陷，从而解决 WGAN 模型生成的缺陷类型不可控问题。

在 WGAN 模型中引入 K-Lipschitz 约束是为了使判别器梯度在向后传播时不超过限定值 K，从而在一定范围内限制判别器的分类能力，但这同时会限制判别器获取数据的高阶矩的能力，无法提取图像的深度特征。为了满足 K-Lipschitz 约束，WGAN 模型直接把判别器的参数限制在一定范围内，虽然可以很好地保证判别器的梯度不超过 K，但也容易导致模型参数两极分化，大大减弱判别器的分类能力。本书放弃了把判别器的参数限制在一定范围内的做法，而是用损失函数对过大的梯度进行惩罚。在 WGAN 模型中判别器的功能就是使真实样本分布和生成样本分布之间的 Wasserstein 距离尽可能大，当判别器还没有收敛的时候，判别器中模型参数的梯度越大，收敛的速度越快，当判别器接近收敛状态时，参数的梯度范式尽可能保持在 K 的附近。因此，本书根据这个假定，在判别器的损失函数中添加了额外的梯度损失，也就是进行梯度惩罚(gradient penalty)，梯度惩罚项的损失函数定义见公式(2.13)。

$$L_{\mathrm{gp}}=\left[\|\nabla_{x}D(x)\|_{2}-K\right]^{2} \tag{2.13}$$

需要注意的是，这里的梯度惩罚项中的梯度是判别器输入 x 的梯度。因此判别器的损失函数可以写成

$$L_{\mathrm{D}}=\min\left(E_{x\sim p\mathrm{data}(x)}[D_w(x|y)]-E_{z\sim pz(z)}[D_w(z|y)]+\partial E_{x\sim I}[\|\nabla_x D(x)\|_2-K]^2\right) \tag{2.14}$$

通过前面的内容可以知道，如果一个函数满足 K-Lipschitz 限制条件，当 K 值取 1 时，该函数梯度变化值将被限制在 1 以内。因此，在实验过程中为了避免不同阈值对模型参数的不同约束，更好地控制本书的训练过程，在本实验中，K 值统一取 1，所以 Condition-based WGAN 模型判别器损失函数可以写成

$$L_{\mathrm{D}}=\min\left(E_{x\sim p\mathrm{data}(x)}[D_w(x|y)]-E_{z\sim pz(z)}[D_w(z|y)]+\partial E_{x\sim I}[\|\nabla_x D(x)\|_2-1]^2\right) \tag{2.15}$$

本书通过对判别器的梯度进行惩罚，增加额外的梯度损失函数，避免了直接对判别器模型进行“剪枝”，使得 Condition-based WGAN 模型中的判别器可以捕捉数据的高阶矩，又将判别器的分类能力限制在一定的范围内，从而提高生成对抗网络中生成器生成图片的质量。

2.3.2 基于 Context-based WGAN 模型的缺陷图像融合方法设计

虽然通过改进 WGAN 模型可以很好地学习换向器缺陷的特征分布，但是本书最终要生成的是有缺陷的换向器图片，因此换向器的缺陷部分是缺陷换向器的部分图像，获取的只是整张图片中的局部特征，无法感知换向器图片的全局特征，将生成的换向器缺陷图片和整体的换向器图片融合的时候，可能出现色调、纹理、亮度格格不入的情况，使得合成后的换向器缺陷图片和真实的换向器缺陷图片差距很大，无法用生成的换向器缺陷图片训练检测器。改进后的 WGAN 模型，虽然可以很好地完成生成换向器缺陷局部图的工作，但是无法满足本书的生成换向器缺陷图片的任务。本书需要在改进 WGAN 模型的基础上提出进一步的改进方案，在生成对抗训练的过程中引入上下文(context)环境，从而让生成器和判别器感知全局环境，在生成对抗训练的过程中除了获取局部特征外，还可获取图片的全局特征。基于此，本节在改进

WGAN 模型的基础上设计了 Context-based WGAN 模型,具体的网络结构如图 2.5 所示。

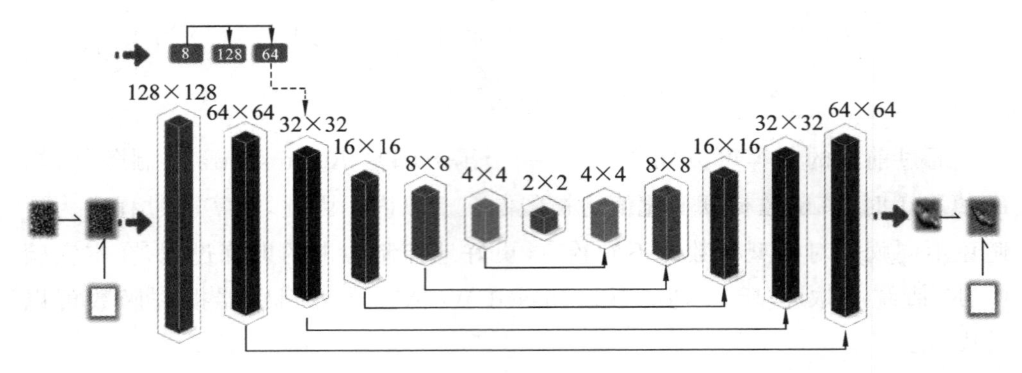

图 2.5 Context-based WGAN 模型生成器网络结构图

图像生成的过程是通过网络模型进行转换图片分布的过程,因此输入的图像需要保持稳定性和多样性,如果输入图像的分布过于单一,容易造成输出后的图像分布也很单一,另外,输入的图片没有稳定的分布也会导致输出的图片分布简单,因此,可以使输入的图片符合正态分布,从而保证输出图片的多样性和稳定性。当输入的图片符合正态分布时,图像呈现为随机的噪声图,因此,Context-based WGAN 模型用随机生成的符合正态分布的噪声图作为输入图像。需要注意的是,Context-based 方法也可以应用于生成其他图像的模型,包括 GAN 模型。

因为引入了换向器图片的上下文信息,所以生成器的输入图尺寸从原来的64×64×3变为 128×128×3,而输入的 128×128×3 图片是由两部分组成的,一部分是 64×64×3 的随机噪声图片,另一部分是 128×128×3 的换向器缺陷背景图片,并且把背景图片中心位置 64×64×3 像素去掉(在实际操作过程中置 0),然后把随机生成噪声图片的像素填充到去掉中心区域像素的背景图片中,形成了图 2.5 中输入的图片。由此,输入的图片中既包含随机噪声又包含缺陷部分的上下文,使得生成器在训练过程中,同时考虑到换向器缺陷的局部特征和换向器缺陷的上下文特征,因此生成的换向器缺陷图片可以很好地融入整体换向器缺陷,从而达到本书生成换向器缺陷图片的要求。

由于输入图片的尺寸发生了改变,生成器的网络结构也发生了改变,生成器的编码器仍然保持 6 个部分,相比改进 WGAN 模型,Context-based WGAN 模型的网络空间尺寸都变为原来的 2 倍,分别为 128×128、64×64、32×32、16

×16、8×8、1×1，编码器的通道数保持不变，因此分类信息的全连接结构也不需要改变。Context-based WGAN 模型的解码器变为 5 个部分，去掉了改进 WGAN 模型的最后一层，但是由于输入解码器的特征尺寸变为原来的 2 倍，所以 Context-based WGAN 模型输出的尺寸与 WGAN 模型相同，仍然为 64×64。由于在 Context-based WGAN 模型中引入了上下文信息，因此模型输出的是换向器的缺陷部分和需要与输入图片合成的上下文信息，合成的方式与网络输入时候的合成方式相同，只不过是把随机噪声图片换成了生成的换向器缺陷图，合成后的换向器缺陷图片作为生成器的最终输出图片，然后把该图片输入判别器中计算 Wasserstein 距离。

由于 Context-based WGAN 模型在生成器中引入了上下文信息，同样在判别器中也需要引入上下文信息，这样判别器才能利用换向器缺陷的上下文信息对生成器进行更好的监督，因此对 Context-based WGAN 模型的判别器部分也进行了调整。因为生成器生成的最终换向器缺陷图片的尺寸为 128×128，所以判别器的网络输入图片的尺寸也要相应地调整为 128×128。判别器的具体网络结构如图 2.6 所示。

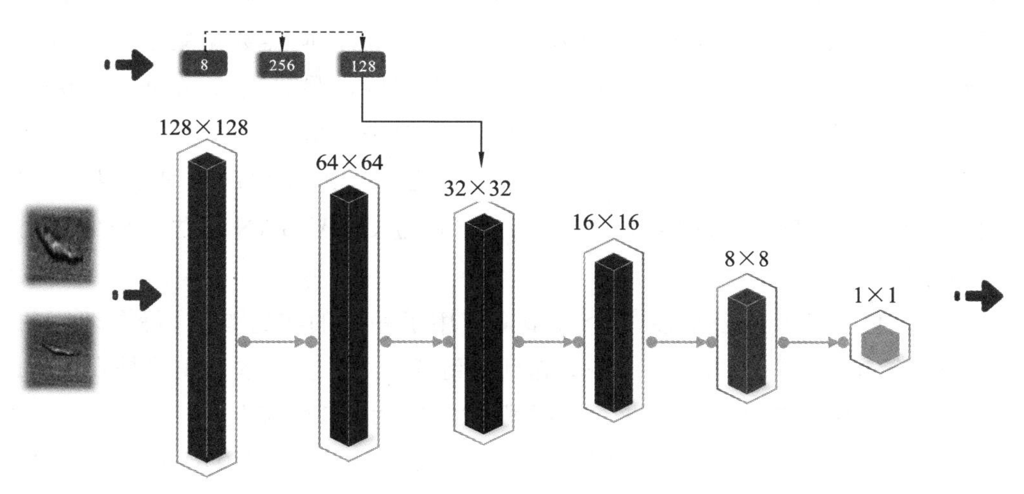

图 2.6　Context-based WGAN 模型判别器网络结构图

判别器的整体结构仍然为 6 个部分，第 1 部分到第 5 部分的空间尺寸变为原来的 2 倍，特征图的尺寸依次为 128×128、64×64、32×32、16×16、8×8，最后一层直接用一个 8×8 的大尺寸卷积核计算输入图片的 Wasserstein 距离。由于判别器的特征图通道数保持不变，因此对于分类信息的全连接网络结构不需要进行调整。由于输入判别器的图片包含了换向器缺陷图片的上下文信息,因此当缺陷部分与换向器的上下文信息差异比较大时,判别器可以很容易区分生成的换向器缺陷图片和真实的换向器缺陷图片。因此,生成器生成的换向器缺陷图片不仅需要符合换向器缺陷本身的特征分布,更需要符合整体换向器缺陷图片的特征分布。判别器对生成图像的缺陷部分和上下文部分同时监督,这样就可以保证生成器生成的换向器缺陷图片能很自然地融入整体换向器缺陷图片中。

2.4 实验验证与结果分析

本书用自行收集的数据集来验证 CCA-WGAN 的实验效果,并对实验结果进行了详细的分析。实验数据集包括外圆打伤、外圆夹渣、外圆压印、外圆毛刺、油污、槽边毛刺、槽边打伤、钩端打伤共 8 类缺陷图片,每类图片有 100 张,图片输入网络时尺寸统一缩放成 64×64。为了客观地分析本书中改进 WGAN 模型的提升效果,本章选取了 GAN、WGAN、WGAN-GP 3 个实验对比模型,为了更加全面地评估实验效果,本书除了在换向器数据集上进行对比实验,也在公开的钢板数据集上进行了对比实验。另外为了验证 Context-Wasserstein GAN 模型(改进 WGAN 模型)的改进效果,本章设置了 3 组对比实验,分别使用拉普拉斯金字塔融合、离散小波融合和 GP-GAN 算法融合,将改进 WGAN 模型生成的换向器缺陷图片与通过 CAW-GAN 方法生成的换向器图像进行对比。

为了保证实验的公平性,4 个模型都使用了相同的实验参数,每次训练的样本个数(batch size)为 64 个,一共迭代训练 100 000 次。本章实验是在 Intel(R) Xeon(R) E5-2630、20 核 40 线程 CPU、128 GB 内存、16 GB 显存的 NVIDIA Tesla P100 显卡的环境下进行的。另外,为了增强模型的性能,提高模型的鲁棒性,本章还对训练数据集进行了裁剪、放缩、添加高斯噪声和水平翻转等 4 种常用的数据增强操作。

2.4.1 训练过程对比分析

对于生成对抗网络,训练过程中的稳定性是非常重要的评价指标,为了更好地比较 4 个模型在训练过程中的收敛情况,本章对 4 个模型的判别器损失和生成器损失分别进行了可视化,如图 2.7 所示。

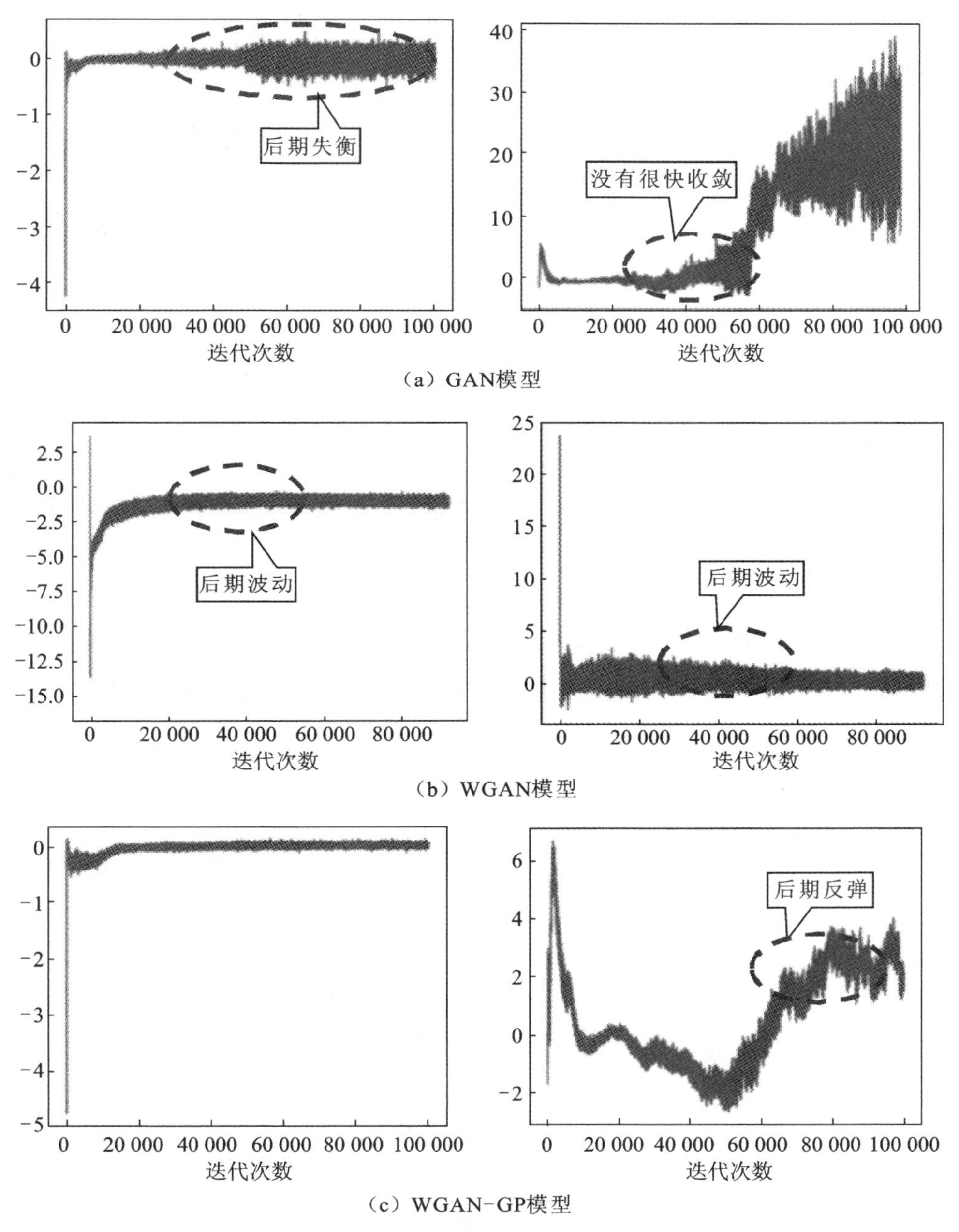

图 2.7 4 种模型判别器和生成器损失函数图

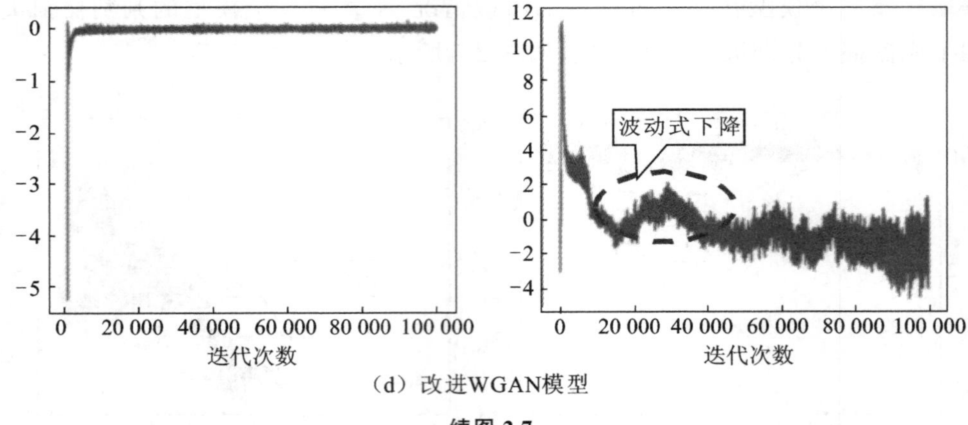

(d) 改进WGAN模型

续图 2.7

图 2.7(a)、(b)、(c)、(d)分别是 GAN 模型、WGAN 模型、WGAN-GP 模型、改进 WGAN 模型的损失函数图,左边是判别器的损失函数图,右边是生成器的损失函数图。从对比图片中可以看出,4 个模型的判别器的损失函数都可以很快达到收敛,因为这几类缺陷的相对特征比较明显,区分缺陷图片的真实性对分类器来说是一个非常简单的任务。判别器的损失函数收敛之后都比较稳定,主要的不确定因素来自生成器,相对来说,生成器生成图片的难度更大。如何平衡判别器和生成器之间的训练关系一直是一个比较难处理的问题。

从 GAN 的损失函数图中,我们可以看出,GAN 网络的判别器的损失在后期处于失衡状态,尤其到训练后期,波动越来越大,呈现上升的趋势,说明生成器生成的图片质量不稳定,模型没有达到很好的收敛效果,这也是训练 GAN 网络过程中经常遇到的问题。

从 WGAN 的损失函数图中可以看出,在早前的训练过程中 WGAN 的损失已经达到一个相对平衡的状态,后期判别器和生成器的损失都在一定的范围内波动,说明性能有一定程度的提升,且状态相对稳定。这是因为 WGAN 为了保证训练过程的稳定性,在梯度更新的时候对梯度进行了裁剪,所以损失函数收敛速度比较慢,而且容易出现陷入局部最优的问题,虽然训练的过程平稳,不会出现失衡,但是性能并没有达到最优的效果,这是 WGAN 的不足,但是与 GAN 相比其性能有较大的提升,这也是 WGAN 比 GAN 应用得更加广泛的原因。

从 WGAN-GP 的损失函数图中可以看出,WGAN-GP 对 WGAN 的改进有一定的效果，尤其是前期损失函数达到了一个很好的收敛状态，但是在训练后期，WGAN-GP 的生成器损失出现了反弹，这主要是因为在生成对抗网络中，没有终止训练的条件，并且模型性能的判别条件比较模糊，无法用向量的指标使模型及早地终止。WGAN-GP 在训练后期可能因为过多的训练使得生成器模式坍塌，虽然生成图片的质量好，但是模式比较单一，故判别器的性能提升，而生成器的性能下降。

从改进 WGAN 的损失函数图中可以看出，改进 WGAN 的生成器损失呈现波动式下降，虽然训练过程会出现一些阶段式上升，但是总体的下降趋势非常明显，并且判别器的性能也始终在一定范围内波动，说明判别器和生成器的性能交互提升，达到了很好的博弈效果，并且训练过程始终保持稳定，对训练的终止条件没有太多的依赖。与其他 3 个模型相比，无论是从收敛的损失值还是收敛的下降过程来看，改进 WGAN 模型都有着更好的性能，并且训练稳定，不容易受到其他因素干扰。

2.4.2 缺陷生成效果对比分析

1）钢板缺陷数据集①

为了评估本书模型在通用数据上的生成效果，本章先在公开的钢板缺陷数据集上进行了对比实验，图 2.8 是 GAN、WGAN、WGAN-GP、改进 WGAN 生成图片的对比图。

本节使用的钢板缺陷数据集一共包含 3 种缺陷类型，分别是污渍、压印和裂口。本节用钢板缺陷数据集训练生成对抗网络，随机生成 64 张钢板缺陷效果图，图 2.8 所示的 4 张图均是 64 张缺陷图片拼接的效果，依次表示 GAN、WGAN、WGAN-GP、改进 WGAN 的生成效果图。

从 GAN 的实验对比效果图中可以看出，生成的钢板缺陷图片无法被明确识别出是哪一类缺陷，并且生成的图片看起来非常模糊，像是多种缺陷的融合，而且图片之间区分度很小，根本无法应用于实际过程，尤其是污渍这一缺陷类别，根本无法分辨出来。另外，从 GAN 生成的钢板缺陷效果图来看，可能存在模式坍塌，导致生成的钢板缺陷图单一、特征性较弱，并且生成图的纹理

① 数据来源于 2020 世界人工智能创新大赛工业质量检测专题赛公开的冷轧带钢表面缺陷检测数据集。

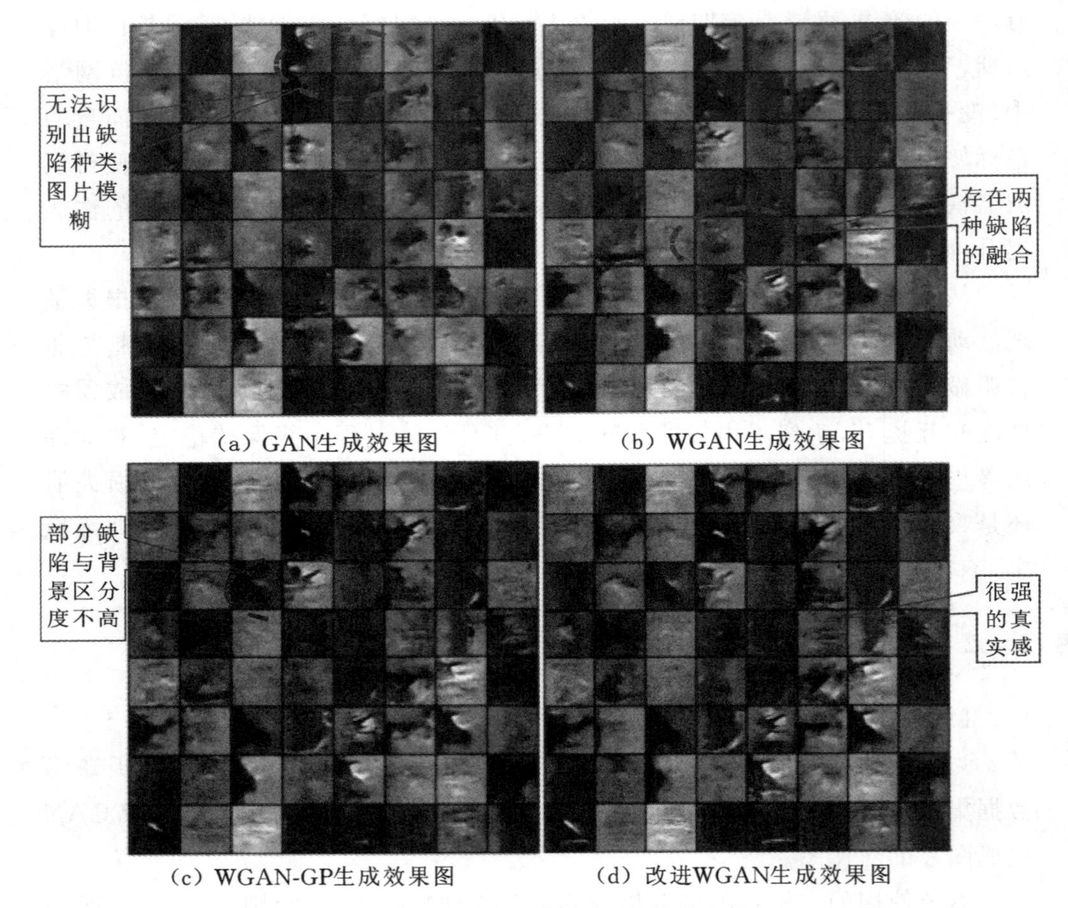

(a) GAN生成效果图　(b) WGAN生成效果图

(c) WGAN-GP生成效果图　(d) 改进WGAN生成效果图

图 2.8　4 种模型的钢板缺陷生成效果图

结构非常模糊。

从 WGAN 生成的钢板效果图来看,它的视觉效果明显优于 GAN 生成的效果图,能比较容易地区分出钢板缺陷的类别,且在一定程度上体现了每一种缺陷的特性。但是 WGAN 生成效果图也有不足之处,许多图片似乎是由两种缺陷融合的,许多生成的样图中既有污渍缺陷又有压印缺陷,并且生成图片的纹理不够清晰,一些缺陷的重要特征没有被很好地呈现。以钢板污渍为例,生成的污渍图片边界模糊,且污渍的形状比较单一,与实际的钢板污渍情况明显不符,而生成的钢板压印图片的纹理却过分锐化,有些缺陷图片的高亮部分亮度过高,而实际的压印图片不会出现过亮的反光,并且印痕还会再深一点,看上去颜色是一体化的。所以 WGAN 生成器生成图片虽然整体上有较为不错的视觉效果,但是有明显的不足之处,也很难应用到实际生产中。

WGAN-GP 缺陷生成图的效果明显比 GAN 和 WGAN 的好,部分图的效果非常好,比如钢板压印的痕迹看上去很真实,而且纹理深浅有别,边界和背景区分明显,压印处的亮度也比较合适,跟实际外圆压印图片相差不大。但是有污渍缺陷的效果不是很理想,污渍占据图片的面积过大,和背景的区分度不高,而且污渍部分的纹理不清楚,有一些甚至和背景融合在一起了。这可能是因为 WGAN-GP 对不同钢板缺陷的感知程度不一样,模型陷入了局部最优的状态,导致有的钢板缺陷生成图片效果比较好,而有的就比较差。因此,生成的钢板缺陷图片只有部分与实际的钢板缺陷图相似。

改进 WGAN 的生成效果图比其他 3 个对比模型显然有更好的视觉效果,更加符合实际钢板缺陷图片样本的特征分布,可以很清楚地区分出不同的缺陷种类,有很强的真实感。模型很好地学习到了每一种缺陷的特征分布,可以很好地区分污渍、压印和裂口,每一种缺陷与背景也区分得比较清楚,污渍缺陷的纹理和背景融合得很真实,也很好地学习到了压印缺陷的沟壑感,裂口缺陷图片几乎和真实的图片一模一样。基于此,可以认为本书设计的改进 WGAN 在其他产品的缺陷生成中,也有很好的效果。

2) 换向器缺陷数据集

虽然训练的过程可以从一定程度上反映出模型的性能,但是在实际应用过程中,最重要的还是要看生成的结果图片的效果。本小节主要对 4 个模型生成图片的效果图进行对比,分析 4 个模型生成器的性能。图 2.9 所示是 GAN、WGAN、WGAN-GP、改进 WGAN 生成换向器缺陷图片的对比。

为了更好地对比实验效果,本节分别用 4 个模型的生成器随机生成 64 张换向器缺陷效果图,图 2.9 的 4 张图均是 64 张缺陷图片拼接的效果,依次表示 GAN、WGAN、WGAN-GP、改进 WGAN 的生成效果图。

从 GAN 的实验对比效果图中可以看出,生成的缺陷图片无法明确是哪类缺陷,并且生成的图片看起来非常模糊,更像是多种缺陷的融合,图片之间区分度很小,根本无法应用于实际过程。结合 GAN 生成器损失函数的收敛情况判断,可能是因为判别器和生成器在训练过程中失衡,所以生成器没有很好地进行优化。另外,从 GAN 生成的效果图来看,可能存在模式坍塌,导致生成的换向器缺陷图单一,且特征性较弱。

从 WGAN 生成的效果图来看,它的视觉效果明显优于 GAN 生成的效果

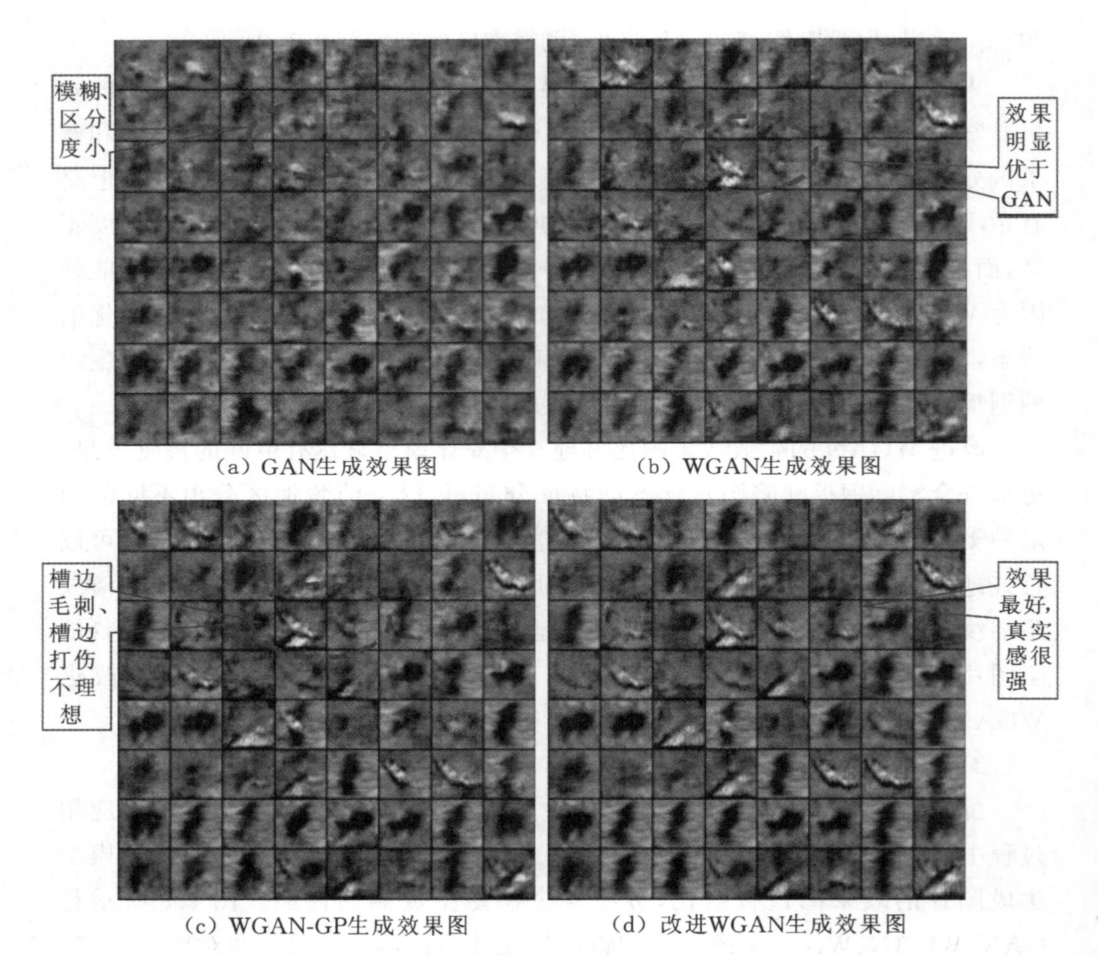

(a) GAN生成效果图 (b) WGAN生成效果图

(c) WGAN-GP生成效果图 (d) 改进WGAN生成效果图

图 2.9 4种模型换向器缺陷生成效果图

图，可以比较容易地区分出换向器缺陷的类别，且在一定程度上体现了每一种缺陷的特性。但是 WGAN 生成效果图也有不足之处，许多图片似乎是由两种缺陷融合的，并且生成图片的纹理不够清晰，一些缺陷的重要特征没有被很好地呈现。以外圆压印为例，生成的压印图片边界模糊，且压印深度看上去比较浅，与实际的外圆压印明显不符；再如生成的油污缺陷图片，纹理清晰，颜色较深，而实际的换向器油污图片，纹理与底色区分不明显，边界模糊不清。所以 WGAN 生成器虽然整体上有较为不错的视觉效果，但是生成的图片有明显的不足之处，也很难应用到实际生产中。

WGAN-GP 的缺陷生成效果图，明显比 GAN 和 WGAN 好，其中有几类缺陷的生成效果非常好，比如外圆压印的压印痕迹看上去很真实，而且纹理深浅有致，边界和背景区分明显，压印处的亮度合适，跟实际外圆压印的效果相差不大。但是其中几类缺陷的效果不是很理想，比如，槽边毛刺和槽边打伤，其背景就和外圆的缺陷存在融合，缺陷部分纹理不清楚，有一些甚至和背景融合在一起了。这可能是因为 WGAN-GP 对不同换向器缺陷的感知程度不一样，模型陷入了局部最优，导致有的缺陷生成图片效果比较好，有的就比较差。因此，生成的缺陷图片只有部分能用于实际的数据增强。

改进 WGAN 的生成效果图比其他 3 个对比模型显然有更好的视觉效果，更加符合实际缺陷图片样本的特征分布，可以很清楚地区分出不同的缺陷种类，有很强的真实感。模型很好地学习到了每一种缺陷的特征分布，例如，可以很好地区分出外圆和槽边的背景，对油污缺陷的纹理和背景融合得很真实，也很好地学习到了压印缺陷的沟壑感，并且能与背景很好地区分开。另外，生成图出现缺陷融合的情况比较少，而且出现多种缺陷融合的图片也支持边角位融合，不影响对缺陷类别的判断。

2.4.3 缺陷融合效果对比分析

因为本书任务的最终目标是生成换向器缺陷图片，所以本书的研究目的是把生成的换向器缺陷局部图片融合到换向器图片当中。为了达到这个研究目的，本章设计了改进 WGAN(Context-based WGAN)模型，使得在生成换向器缺陷图片时可以获取换向器缺陷周围的上下文信息，从而在生成对抗训练的过程中，网络模型不仅考虑换向器缺陷的局部特征，还考虑换向器缺陷的全局特征，使生成的换向器缺陷可以很好地融入整体的换向器图片中。为了验证 Context-based WGAN 模型的有效性，本章另外设置了 3 组对比实验，先通过改进 WGAN 生成换向器缺陷的局部，然后分别使用拉普拉斯金字塔、离散小波和 GP-GAN 算法对图像进行融合。

从图 2.10 可以看出，将改进 WGAN 所生成的缺陷图片融入换向器图片中后，生成换向器缺陷图片毫无违和感，和真实的换向器缺陷图片差不多，而且缺陷的部分纹理十分清楚，和周围像素没有明显的区别，很难看出来是合成的图片。这也证明了本章提出的使用生成对抗网络生成换向器缺陷图片的可行性。

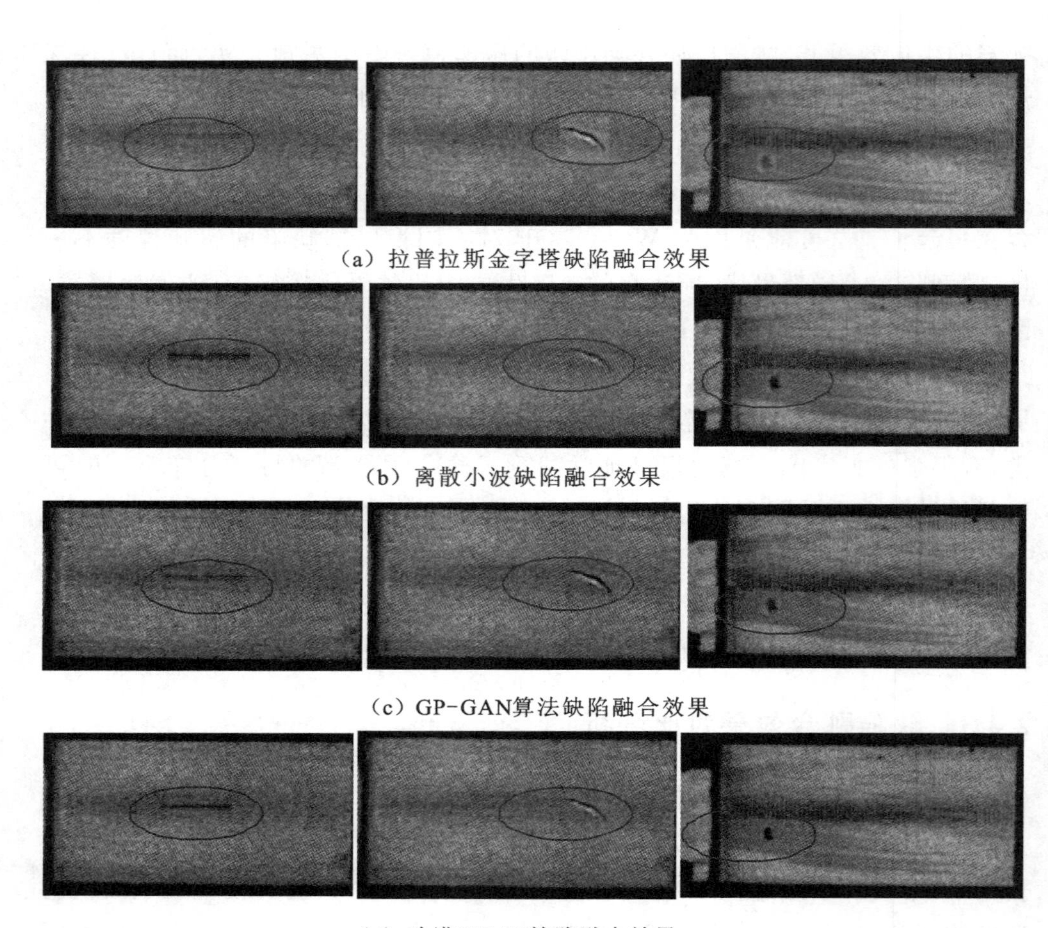

（a）拉普拉斯金字塔缺陷融合效果

（b）离散小波缺陷融合效果

（c）GP-GAN算法缺陷融合效果

（d）改进WGAN缺陷融合效果

图 2.10　4 种方法的换向器缺陷融合效果图

2.5　本章小结

本章主要通过生成对抗网络对换向器缺陷数据集进行扩充，为第 3 章目标检测提供足够的数据集。本章在 WGAN 模型的基础上进行改进，设计了改进 WGAN 模型。由于 WGAN 模型无法感知换向器缺陷样本内部类别之间的特征分布，并不会刻意区分不同缺陷类别之间的特征分布，因此本章通过对生成器输入额外的类别信息，使模型在训练的过程中，有意识地区分不同缺陷类别的特征分布。另外，WGAN 模型为了保持模型的稳定性，对判别器进行了权重“剪枝”操作,限制了判别器获取数据高阶矩的能力,为此,本章提出了用梯度惩罚的方式对判别器进行限制,既可以控制梯度的范围,又不会过分地限制判别器获取数据高阶矩的能力。因为本书的换向器缺陷生成任务相对比较复杂,而 WGAN 模型使用的生成器网络结构比较简单,它不能很好地胜任本书的换向器缺陷生成任务,因此本章设计了编码器-解码器结构的网络模型,并且在相应编码层和解码层之间引入残差连接,保证编码器-解码器结构网络模型的稳定性。本研究任务最终需要把生成的换向器缺陷部分融合到整体的换向器缺陷图中,如果模型无法获取整体换向器图片的上下文特征,那么模型学习到的只是缺陷部分的局部特征,因此本章在生成器和判别器中都引入换向器缺陷上下文特征,使得生成的换向器缺陷局部图片可以更好地融入换向器缺陷的整体图片中。实验结果表明,本章设计的 CCA-WGAN 模型所生成的换向器缺陷图片更接近真实的换向器缺陷图片,基于此,本章使用 CCA-WGAN 模型建立了一个丰富的换向器缺陷样本数据集。

3　基于 FI-YOLOv4 模型的表面缺陷目标检测方法

3.1　引　　言

基于深度学习的目标检测方法是目前目标检测平均精度(average precision,AP)最高的方法,本书使用基于深度学习的目标检测方法对表面缺陷进行检测。YOLOv4 作为目标检测中应用最广泛的一种算法,其性能已经获得众多研究学者的认可。本章针对 YOLOv4 在表面缺陷检测中存在的不足进行了改进,并用改进后的 YOLOv4 算法对缺陷进行检测。YOLOv4 主要组成结构分为骨干网络、特征金字塔颈部、任务头部和损失函数等几个模块,本书对 YOLOv4 中每个模块的不足进行了详细的分析,并且针对每个模块的不足提出了相应的改进方案。为了评估本章改进方案的效果,本章在第 2 章数据扩充后的缺陷数据集基础上进行了详细的对比实验。实验结果表明,本书改进的 YOLOv4 模型——Fully Improved YOLOv4(FI-YOLOv4),检测缺陷时的平均精度 AP_{50} 为 87.8%,比原始 YOLOv4 模型提高了 8.6 个百分点,这证明了本章所提 FI-YOLOv4 算法的有效性。

3.2　YOLOv4 模型

在深度学习中处理缺陷检测类问题有三种主流的技术方案:目标检测、语义分割和实例分割。以换向器缺陷检测为例,目标检测是用矩形框把目标的位置给框出来,语义分割是把缺陷的像素分割出来,而实例分割可以看作是目标检测和语义分割的结合,不仅需要框出每个缺陷的位置,还需要分割出图像中缺陷的像素。图 3.1(a)是缺陷目标检测,图 3.1(b)是缺陷语义分割,图 3.1(c)是缺陷实例分割。从图 3.1 中可知,语义分割把缺陷的像素分割了出来,而实例分割在目标检测的基础上准确地把像素给分割了出来,从视觉效果上看显然是语义分割和实例分割的检测效果更好。但是在实际工业缺陷的检测中目标检测更为常用,目标检测时间性能上更优秀。

（a）目标检测

（b）语义分割

（c）实例分割

图 3.1　缺陷目标检测、语义分割和实例分割对比图

以目标检测模型 YOLOv4 为例,它每秒预测 31 帧图片,即预测速率为 31 fps(输入图片尺寸为 512×512),以 Deeplab v2 语义分割模型为例,预测速率为 8 fps(输入图片尺寸为 512×512),而典型的实例分割模型 Mask R-CNN 的预测速率为 5 fps(输入图片尺寸为 224×224)。因为语义分割和实例分割需要像素级的预测,所以语义分割和实例分割的检测速度远远慢于目标检测,因此在缺陷检测不需要像素级粒度的情况下,优先使用目标检测,以便更好地进行实时检测。另外,需要注意的是,在工业缺陷检测中一般很少用语义分割,这是因为语义分割的结果只是一大类的缺陷像素,可以获取缺陷像素的个数,但是无法获取缺陷的分散程度。如图 3.2 所示,假定图 3.2(a)和图 3.2(b)的像素个数相同,由图可知,同样的缺陷像素个数(面积)带来的缺陷危害是不一样的,另外语义分割的结果没有给出缺陷的坐标位置[事实上也无法给出,因为同类的缺陷可能是分散的,如图 3.2(b)所示],如果要获取类似目标检测的坐标位置需要进行额外的图像后处理。

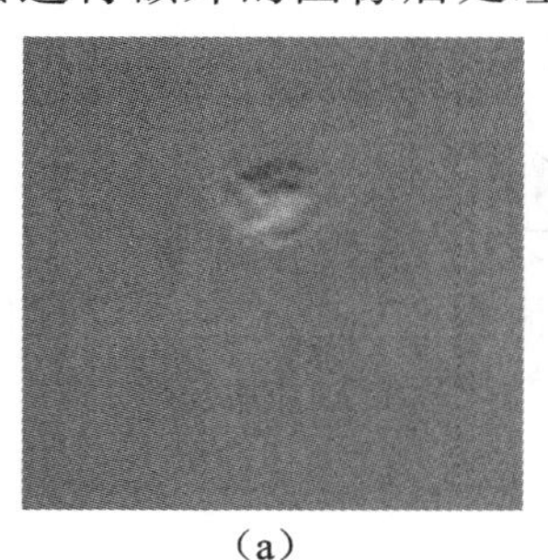

（a）

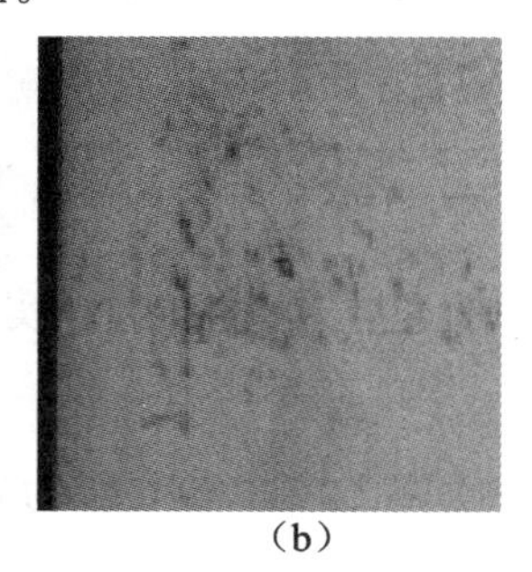

（b）

图 3.2　缺陷分布对比图

本书考虑到表面缺陷检测更加注重检测的实时性，而对表面缺陷像素分割的需求并不是特别高，因此本书放弃了实例分割的方案而选用目标检测的方案。

YOLOv4 的网络结构主要分为三个部分，从输入到输出依次为骨干网络(backbone)、特征金字塔颈部(neck)、任务头部(head)。网络的输入图片尺寸可以根据需求进行调整，但是需要保证输入图片的尺寸大小可以被 32 整除，因为在 YOLOv4 的骨干网络中有 5 次下采样的操作，每次下采样特征图的尺寸会变为原来的 1/2，因此 5 次下采样之后最小的特征图尺寸为原始输入图片尺寸的1/32。网络输入图片尺寸的大小与网络的计算量成平方比关系，通常情况下，网络输入尺寸越大，网络的检测精度越高，但是当网络尺寸大到一定程度，精度的提升也会达到饱和。本书选取了两种典型的尺寸：640×640(较大计算量，更高精度)和 416×416(较小计算量，较低精度)。

YOLOv4 模型的输入图像，可以是不同缺陷类型的图像，图像通过 YOLOv4 的骨干网络进行特征提取，并且通过特征金字塔对骨干网络所提取的特征进行融合，把三个不同尺寸的特征输入目标检测的任务头部，分别进行参数预测。每一个目标检测的任务头部输出三部分内容，包括目标的缺陷种类(如果有 8 类换向器缺陷，会输出 9 类，其中 1 类表示其他缺陷)，目标的坐标信息(用于在图片中对目标进行定位)和目标的置信度(表示缺陷的可信度)。因此，需要相对应的正确信息进行监督，以夹渣缺陷为例，用一个 1 维向量[0,0,0,1,0,0,0,0,0]编码缺陷种类，与 YOLOv4 输出的 9 维向量一起计算分类损失的值，根据图片中目标框和预测框的重合度计算定位损失，用 1 表示缺陷的置信度，对比 YOLOv4 输出的置信度来计算置信度损失。

YOLOv4 中使用交叉熵损失作为分类损失，交叉熵损失(L_{cls})可以用来计算两个分布的相似性，计算公式如下。

$$L_{\mathrm{cls}}=-\sum_{i=1}^{N} y_i \lg P_i \tag{3.1}$$

其中，y_i 表示第 i 类换向器缺陷的真实概率；P_i 表示第 i 类换向器缺陷的预测概率。

YOLOv4 中使用 DIoU 损失作为定位损失。

图 3.3 中浅色实线框是人工标注的框，通常称为真实框（ground truth）或者目标框（target box）；深色实线框是根据网络预测的参数计算出来的框，通常称为预测框（predict box）；深色虚线框是前两者的最小外接矩形框，当浅色实线框（目标框）和深色实线框（预测框）重合时，有最佳的预测效果。为了使两个框之间有更高的重合度，DIoU 损失提出了两个限制条件，使目标框和预测框的中心点距离趋向于 0，同时使目标框和预测框的交并比（intersection-over-union，IoU）趋向于 1，具体计算公式如下。

$$L_{\mathrm{DIoU}}=1-\frac{\mathrm{box}_{\text{目标框}} \cap \mathrm{box}_{\text{预测框}}}{\mathrm{box}_{\text{目标框}} \cup \mathrm{box}_{\text{预测框}}}+\frac{d^{2}}{c^{2}} \tag{3.2}$$

其中，d 表示目标框中心点和预测框中心点的距离，用于量化目标框和预测框的距离；c 表示目标框和预测框的最远距离，用于把目标框和预测框的量化距离归一化。当目标框和预测框重合时，L_{DIoU} 有最小值 0。

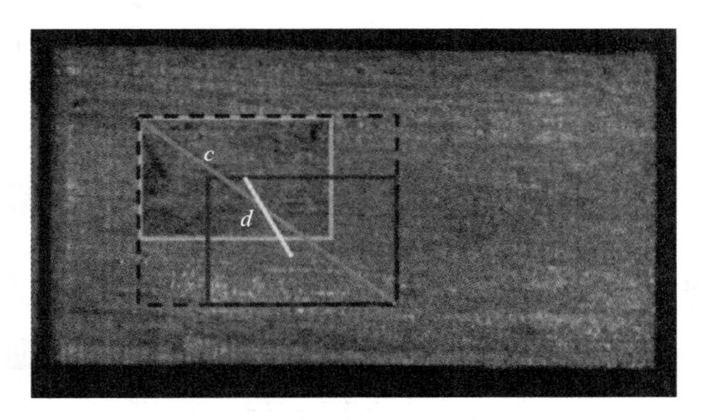

图 3.3　缺陷检测定位示意图

YOLOv4 中使用二元交叉熵作为置信度损失（L_{score}）：

$$L_{\mathrm{score}}=-\Big(y_i \lg(P_i)+(1-y_i)\lg(1-P_i)\Big) \tag{3.3}$$

其中，y_i 表示目标框为换向器缺陷的概率；P_i 表示检测框为换向器缺陷的预测概率。

YOLOv4 的总损失为

$$L=L_{\mathrm{cls}}+L_{\mathrm{DIoU}}+L_{\mathrm{score}} \tag{3.4}$$

3.3　基于 YOLOv4 的 FI-YOLOv4 模型设计

为了实现对换向器缺陷进行自动化检测，本章提出使用基于深度学习目标检测的方法对换向器缺陷进行检测，并且使用 YOLOv4 作为基准模型，针对 YOLOv4 在换向器检测中可能遇到的问题做了分析，并且提出了相应的改进模型 FI-YOLOv4。

YOLOv4 是 2020 年 4 月开源的目标检测模型，有着很出色的时间性能和检测精度，是目前生产环境中最受欢迎的目标检测模型，在实际作业中有着广泛的应用。YOLOv4 的检测平均精度和检测速度很高，在许多公开的数据集上都取得了优异的成绩，但是 YOLOv4 在小目标检测上的性能相对就没有那么好了。这是因为 YOLOv4 只提供了三个不同的尺寸，不同尺寸之间的特征差异可能大一些，另外 YOLOv4 的三个特征图之间的融合性不足，导致提取的特征不够完善。为了解决 YOLOv4 的不足，进一步提高 YOLOv4 对换向器缺陷的检测性能，本书提出了 FI-YOLOv4 算法，网络结构图如图 3.4 所示。

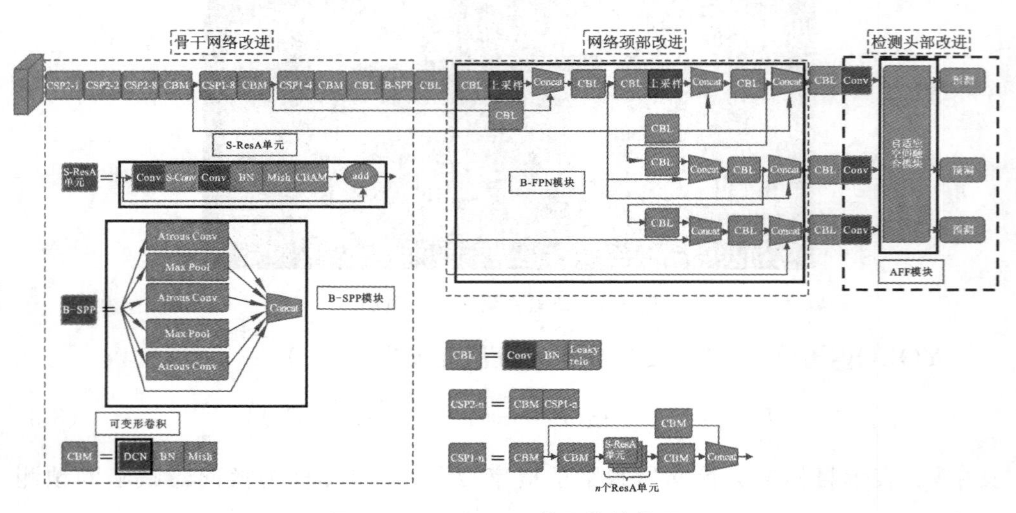

图 3.4　FI-YOLOv4 的网络结构图

图 3.4 是 FI-YOLOv4 的网络结构图，用深色实线框标出来的是 FI-YOLOv4 针对 YOLOv4 的不足提出的 5 个改进模块，其中 Conv 表示卷积，BN 表示批量归一化，Concat 表示特征通道拼接，add 表示特征相加，Mish、Leaky relu 分别表示 Mish、Leaky ReLU 激活函数。

本章设计了 Split-Res-Attention（S-ResA）单元，替换了原来 YOLOv4 中的 Res 单元，并且设计了 Blending-SPP（B-SPP）模块，替换了原来 YOLOv4 中的 SPP 模块，除此之外，本章还设计了残差特征扩展模块和自适应空间融合模块，用来增强 FPN 模块的特征提取能力。本章除了对 YOLOv4 的网络结构进行改进外，为了增加模型对换向器缺陷形状的感知能力，本书在 YOLOv4 的骨干网络中引入了可变形卷积。本书还设计了一种新的损失函数 Federal Focal Loss，代替 YOLOv4 的 Focal Loss 损失函数，加速模型的收敛速度，提高模型的检测平均精度，具体的改进细节如下所述。

1）S-ResA 单元

在深度学习中，随着网络层数的增加，原始特征会迅速地消失，这个难题曾大大影响了深度学习的进展，直到残差网络（ResNet）的出现才很好地解决了这一难题。目前主流的目标检测网络都会使用残差连接或者残差模块，使较深的特征层依然可以获取较浅层的特征，从而保证在较深的特征图中保留较多的有效特征。YOLOv4 的网络结构不仅在不同的特征块之间使用残差连接，还专门设计了 Res 单元来提高特征提取的能力。为了提高 YOLOv4 对换向器缺陷的检测平均精度，本书针对 YOLOv4 中的 Res 单元进行了改进，在卷积尺度上引入了 S-Conv，从而使特征感受野增加，同时使用注意力模块，进而提高网络的特征提取能力。在 YOLOv4 中，Res 单元由两个卷积单元和残差单元连接组成，每个残差单元由 3×3 的卷积、批量归一化和 Mish 激活函数组成，为了在 Res 单元内部进一步使特征提取的感受野多样化以及区分特征的重要程度，本章设计了 S-ResA 单元。S-ResA 单元的网络结构如图 3.5 所示。

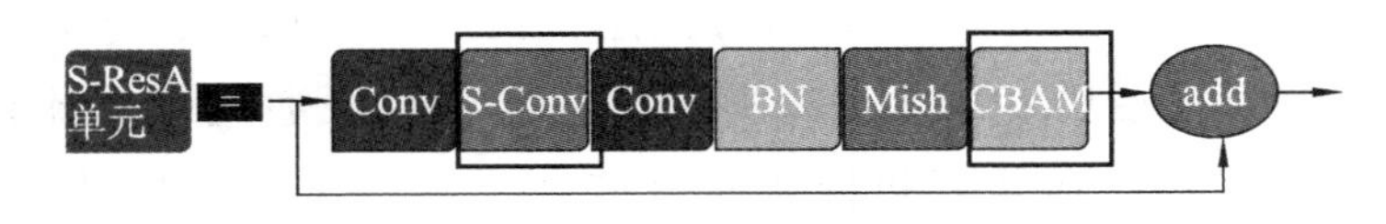

图 3.5　S-ResA 单元的网络结构图

在图 3.5 中，Conv 表示 1×1 的卷积，主要是改变特征的通道数，S-Conv 表示多感受野卷积，CBAM（convolutional block attention module）由空间注意力机制和通道注意力机制组成。

其中，S-Conv 的网络结构如图 3.6 所示。

S-Conv 是在标准卷积的基础上改进的，将输入的特征图在通道的维度上

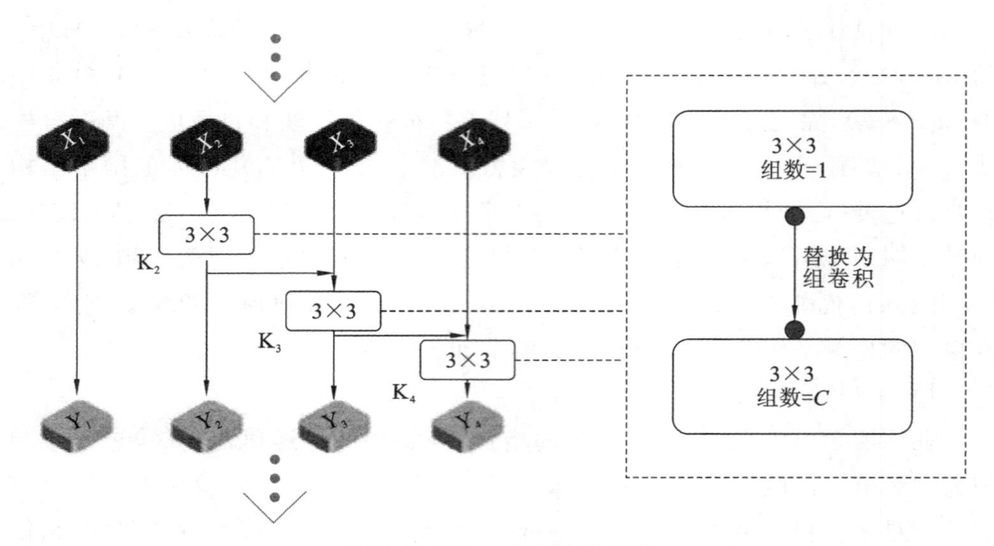

图 3.6 S-Conv 的网络结构图

进行分组。如图 3.6 所示，S-Conv 将输入的特征图平均分为 $C(C=4)$ 组，这样原始的特征图就生成 C 个子特征图，即 $X_1,X_2,X_3,X_4,\cdots$，对 C 个子特征图分别进行不同的特征提取操作。S-Conv 的计算公式如下。

$$Y_i=\begin{cases}X_i, & i=1\\ K_i(X_i), & i=2\\ K_i(X_i+Y_{i-1}), & 2<i\leqslant C\end{cases} \tag{3.5}$$

用 Y_i 表示特征提取的结果，其中，$K_i(\cdot)$ 表示卷积操作。结合图 3.6 和公式(3.5)可知，$Y_1=X_1$ 起到残差的作用，可以把前一层的特征快速地传递到后一层；$Y_2=K_2(X_2)$ 是一个标准的卷积操作，特征提取的感受野为 3×3；$Y_3=K_3(X_3+Y_2)$，因为 Y_2 已经有 3×3 的特征感受野了，所以 Y_3 再经过 3×3 的卷积操作之后，特征感受野变成 5×5，同时 Y_3 包含的特征通道信息比 Y_2 增加了一倍。同理，Y_4 在特征感受野和特征通道信息上比 Y_3 又会增加，因此 S-Conv 可以通过感受野和通道信息的多样化，提取更加丰富的特征，把提取特征的粒度进一步细分，从而提高特征的提取能力。在 S-Conv 中，不同感受野的卷积组个数可以通过卷积组的个数 C 来控制，同时不会额外增加计算量，计算速度有略微的提升。

空间注意力机制的网络结构如图 3.7 所示。

在图像中，所有的像素都记录着信息，通过卷积都可以提取出相应的特

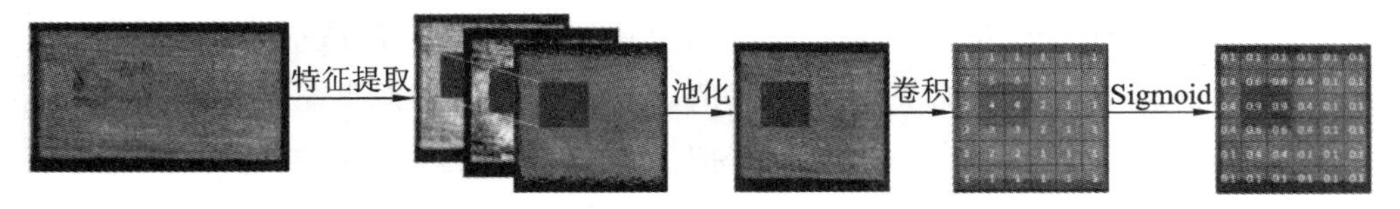

图 3.7 空间注意力机制结构图

征,但并不是所有的像素信息都可以提取到有效的特征。以换向器缺陷检测为例,换向器缺陷可能只是图像中的一小部分像素,而这部分像素对换向器缺陷检测有重要的价值,因此我们在设计网络结构的时候,应该引导网络给予这部分像素更多的关注,即让这部分像素获取更多的注意力。通常注意力会根据关注点进行分类,例如,关注缺陷像素空间位置的,称为空间注意力机制。通过特征学习,特征图的每一个像素位置被赋予 0～1 之间的权重值,重要像素位置获得更高的权重。图 3.7 通过空间注意力得到换向器缺陷图片的空间权重图,使得油污位置的空间权重(0.9)高,非油污位置的空间权重(0.1)低,通过空间权重赋值告诉模型哪些位置的像素值更加重要。为了提取位置信息,先对特征图在通道方向上进行全局池化操作 F_{sam},包括平均全局池化和最大全局池化。

$$F_{\text{sam}}(\boldsymbol{u}_{\mathrm{C}})=\begin{cases}\dfrac{1}{h\times w}\displaystyle\sum_{i=1}^{h}\sum_{j=1}^{w}U_{\mathrm{C}}(i,j)\\ \max\left\{U_{\mathrm{C}}(i,j)\right\}\end{cases}\tag{3.6}$$

其中,F_{sam} 表示全局池化操作;$\boldsymbol{u}_{\mathrm{C}}$ 表示特征通道 C 的特征向量;h 表示特征图的高度;w 表示特征图的宽度;$U_{\mathrm{C}}(i,j)$ 表示特征通道 C 在坐标 (i,j) 处的值。

在特征图中,除了像素的空间位置外,特征通道也是一个重要的维度。空间注意力机制区分了特征图中每个像素位置的重要程度,同样的,也有通道注意力机制,用以区分特征图中不同通道位置的重要程度,找出对检测表面缺陷贡献价值大的特征通道,并且把这些贡献大的通道进一步放大,而抑制其他贡献小的通道。

最经典的通道注意力机制是由 SeNet 提出的,SeNet 通过压缩(squeeze)和激励(excitation)两个操作为特征图的不同通道生成相应的权重值。本书也使用了压缩和激励的通道注意力机制。

压缩操作目前主要是为了减少注意力权重的计算量。特征图中的每个通道都是一个单层特征,如果直接用来计算注意力会引入较大的计算量,因此需要对每个通道的特征进行压缩。自适应全局平均池化和自适应全局最大池化操作可以把通道特征压缩成一个特征值,用该特征值表征特征图的通道特征,最后把整个特征图压缩成一个向量。把该向量输入到一个两层的全连接网络进而计算注意力权重,全连接网络的第一层输出向量的长度为通道数的 1/4,使用 ReLU 作为激活函数,全连接网络的第二层输出向量的长度等于通道数,并且使用 Sigmoid 激活函数输出一组权重值(0～1 之间),作为通道注意力的权重值,因此全连接网络的计算量非常小,所以通道注意力机制不会影响表面缺陷检测的速度。

在图 3.8 中,x 表示原始输入图像的特征值;$\widetilde{x}$ 表示通过注意力机制后输出的特征图;h 表示特征图的高度;w 表示特征图的宽度;c_1、c_2 表示特征图的通道个数;$F_{tr}(\cdot,\theta)$表示传统卷积操作;$F_{sq}(\cdot)$表示挤压操作;$F_{ex}(\cdot,w)$表示激励操作;$F_{scale}(\cdot)$表示 Sigmoid 激活操作。

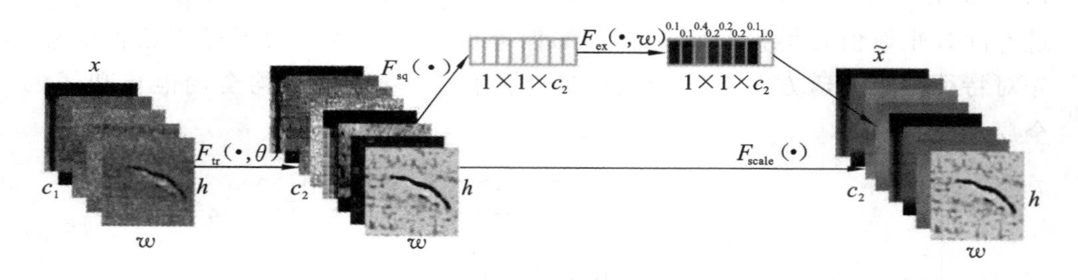

图 3.8　通道注意力机制图

通道注意力机制通过压缩和激励两个操作为特征图的每个通道生成一个权重系数,其中压缩模块通过全局池化 F_{sq} 把特征通道压缩为一个特征值,从而把整个特征图压缩为一个特征向量。全局池化 F_{sq} 的计算过程如下。

$$\boldsymbol{Z}_{\mathrm{C}}=F_{sq}(\boldsymbol{u}_{\mathrm{C}})=\begin{cases}\dfrac{1}{h\times w}\sum_{i=1}^{h}\sum_{j=1}^{w}U_{\mathrm{C}}(i,j)\\ \max\Big(U_{\mathrm{C}}(i,j)\Big)\end{cases}\tag{3.7}$$

通过压缩模块获取特征图的特征向量之后,需要通过该特征向量区分不同特征值之间的重要程度,从而获取通道的权重系数,需要通过激励操作获取具体的权重值。激励操作是通过一个小型的全连接网络来实现的,该网络输入的是特征向量,输出的是一个权重向量,通过学习不同特征值之间的关系,感知特征值在整个特征向量中的重要性,并且通过 Sigmoid 激活函数映射到

0～1之间，计算公式如下。

$$s_C = F_{ex}(Z_C, W) = \sigma[W_2 \cdot \mathrm{ReLU}(W_1 \cdot Z_C)] \tag{3.8}$$

其中，W 表示网络权重；Z_C表示输入的特征向量；$F_{ex}(\cdot)$表示全连接网络；W_1和W_2分别表示第一层网络和第二层网络的权重，用 1×1 的卷积实现；ReLU 表示第一层网络的激活函数；σ(Sigmoid)表示第二层网络的激活函数；s_C是网络输出的通道权重向量。

得到通道权重向量s_C之后，可以把原始特征通道的特征向量u_C和通道权重向量s_C按通道进行相乘，从而对原始图不同通道的特征进行保留或抑制。计算公式如下。

$$u_{se} = F_{scale}(u_C, s_C) = u_C \cdot s_C \tag{3.9}$$

其中，F_{scale}表示按照通道注意力进行调整的函数；u_{se}表示经过通道注意力机制调整的特征图向量。

通道注意力机制可以自适应地感知哪个通道特征缺陷最明显，以图 3.7 为例，模型可以感知到最外层特征通道有很明显的缺陷特征，对这个特征通道乘以较大的系数，对其进行保留，其余特征通道没有明显的缺陷特征，则乘以较小的系数，对其进行抑制。同样的，空间注意力机制可以自适应地感知哪个位置的缺陷特征更加明显，从而进行选择保留。因此模型通过空间注意力机制和通道注意力机制，可以感知缺陷特征在哪个通道哪个位置，从而强化这些特征，弱化其余缺陷不明显的特征。

2）B-SPP 模块

在目标检测任务中，目标检测算法会遍历图像的各个位置，然后在不同的位置生成各种尺寸不同的目标框，因为缺陷大小不确定，并且会随着图像的缩放、裁剪而发生改变，因此目标检测算法需要尽可能地遍历所有的可能，这大大增加了目标检测的难度。为此，深度学习网络提出了许多解决方案，可以分为两大类，一类是考虑特征的提取范围，典型的代表有空洞空间金字塔池化(atrous spatial pyramid pooling，ASPP)，另一类是考虑特征图的尺寸大小，在进行任务操作时使用不同尺寸的特征图，典型的代表有特征图金字塔网络(feature pyramid networks，FPN)。这两类方法分别从感受野和特征尺寸方面解决目标大小不一的问题，为了有更好的检测精度，模型可以同时使用这两种方法。SPP 模块通过不同尺寸的最大池化对特征图进行池化操作，可以提取不同感受野的特征，并且用通道拼接操作融合不同感受野的特征，提高

YOLOv4 对多尺度目标的检测性能，其网络结构如图 3.9 所示。

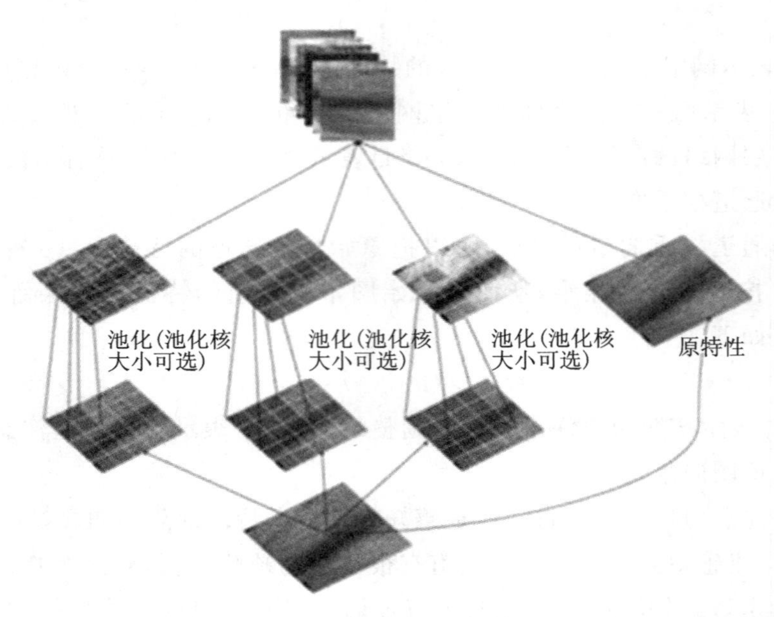

图 3.9　SPP 模块网络结构图

在图 3.9 中，使用三个不同尺寸（比如 5，9，13）的池化核以步幅为 1 对特征图进行特征提取，同时自适应填充，保持输入和输出的特征图尺寸相同，虽然可以提取到不同感受野的特征，但是三个不同池化操作的相似性会很高，例如，对一个像素进行 9×9 最大池化得到一个特征值，然后对同一个像素进行 13×13 最大池化得到一个新的特征值，从概率上来说，这两个特征值相等的概率为 81/169，几乎有一半的概率得到相同的特征值，因此特征提取的效率不高。另外最大池化是不可学习的操作，所以 SPP 模块的自适应能力差，考虑到 SPP 模块的这些不足，本书设计了 B-SPP 模块，如图 3.10 所示。

B-SPP 模块中，除了使用最大池化外，还引入了空洞卷积。空洞卷积（atrous convolution）是一种比较特殊的卷积，在空洞卷积中，卷积核的采样单元之间存在固定间隔，这个间隔称为空洞率，标准的卷积可以看作空洞率为 1 的空洞卷积，图 3.11 是空洞率为 2 的空洞卷积的示意图。

B-SPP 模块混合了空洞卷积和最大池化操作，对特征图进行多感受野和多尺度特征提取。由于单纯的最大池化会导致提取到的特征图相似，无法很好地发挥多感受野和多尺度特征的作用，因此 B-SPP 模块引入了空洞卷积，使

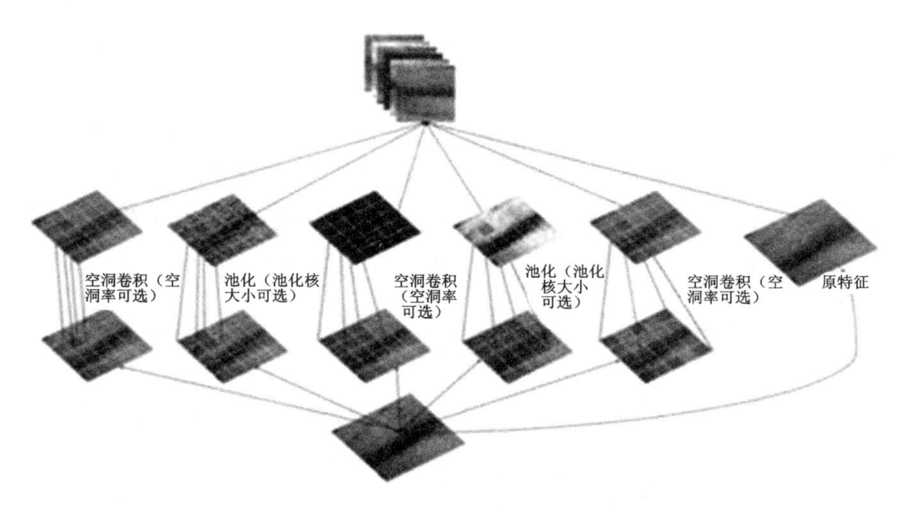

图 3.10　B-SPP 模块网络结构图

图 3.11　空洞卷积过程图

得 B-SPP 模块部分通道是可学习的，并且把两个池化操作的池化核尺寸间隔调大，增加了最大池化操作之后特征图的差异性。

3）跨层特征金字塔网络（bridge feature pyramid networks，B-FPN）

缺陷目标检测的一个难点就是检测的目标尺寸大小不一，很难用统一的特征提取规则对不同大小的表面缺陷提取特征，当一个缺陷的像素占图像总体像素的 90%时，一个 3×3 的卷积只能提取到表面缺陷有限的局部特征，很难用浅层特征来检测该表面缺陷，随着特征层数加深，特征图的尺寸不断变小，通过卷积可以容易地提取表面缺陷的全局特征。当一个缺陷的像素占图像总体像素的10%时，在深层特征中，表面缺陷可能只有几个像素，有效像素非常少，很难准确地检测到表面缺陷。因此，当前主流的目标检测都会使用特征金字塔模块来提升不同尺度目标的检测精度，其中典型的就是特征金字塔网络 FPN，特征金字塔网络就是通过深度卷积神经网络搭建一个由上而下、由小到大的特征融合的金字塔网络结构，其结构如图 3.12 所示。

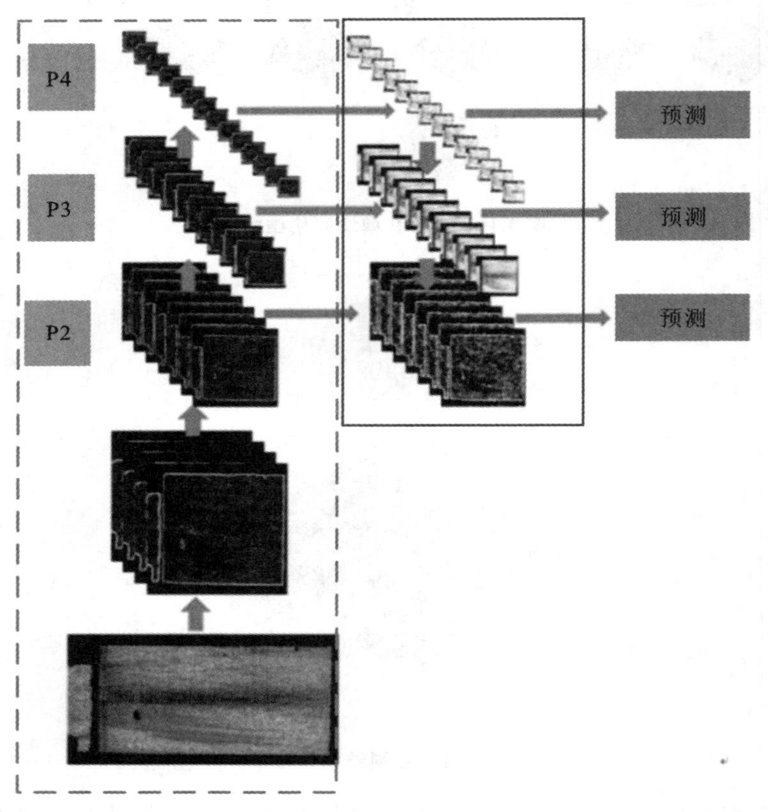

图 3.12 金字塔网络结构图

金字塔网络包括两条特征图支线：一条支线如图 3.12 中的实线框，通过转置卷积或者上采样生成尺寸依次增大的特征图组；另一条支线如图 3.12 中的虚线框，这条网络利用骨干网络提取特征图。骨干网络由卷积模块和池化组成，经过多次池化之后，生成多种不同尺寸的特征图，大特征图中的较小换向器缺陷由于保留较多的有效特征，故适合做换向器缺陷检测。而小特征图中的较大换向器缺陷由于保留有效的全局特征，故也适合做换向器缺陷检测。

考虑到无法预先确定换向器缺陷的大小，特征金字塔网络结构提出把不同尺寸的特征图进行融合，从而适应各种尺寸的换向器缺陷检测。特征金字塔网络的这种思想明显提高了检测精度和分割精度，因此，该结构在目标检测的网络分割中被广泛使用。

尽管特征金字塔网络的性能提升效果明显，但也存在以下几点不足：

（1）两层相邻尺寸的特征图在融合过程中出现信息损失：特征在由上而下融合之前，骨干网络的特征图有一个 1×1 的卷积操作，造成了语义的损失。

（2）最高层特征的语义信息丢失：最高层的特征因为没有上层特征进行特征融合，直接通过 1×1 的卷积操作，也会造成语义信息的丢失。

（3）小目标信息的丢失：小目标特征信息主要聚集在底层特征中，大目标特征信息主要聚集在高层特征中。但实际上其他的特征层中也会包含该目标的语义信息，在特征金字塔网络中，这部分的信息被丢失了。

考虑到特征金字塔网络的三点不足，本章设计了跨层特征金字塔网络，又额外增加了一个由下而上的网络，用于将大尺寸的特征图融合到小尺寸的特征图中，跨层特征金字塔网络（B-FPN）的结构如图 3.13 所示。

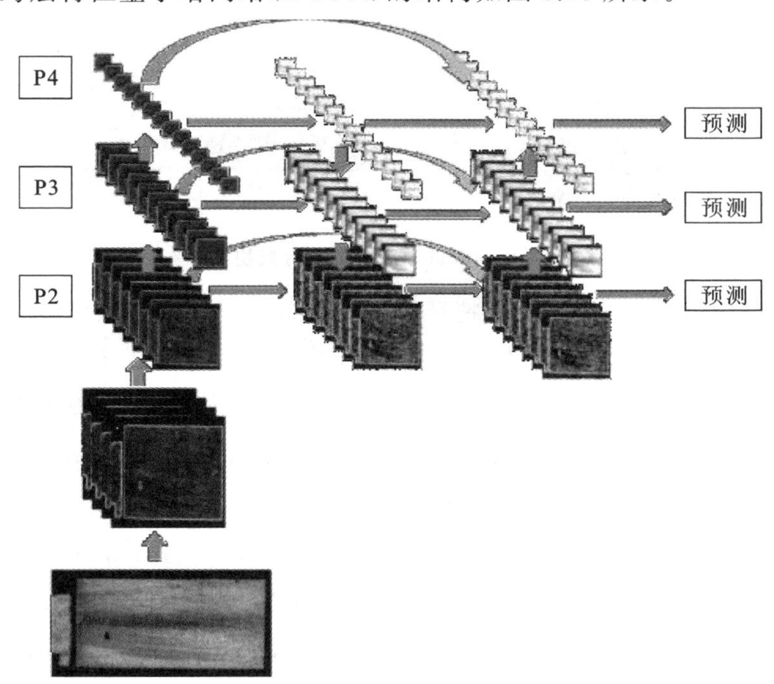

图 3.13　跨层特征金字塔网络结构图

B-FPN 在特征金字塔网络的基础上，把完整的高层特征融入底层特征中，使底层特征获取更全面的表面缺陷特征，并且与骨干网络特征之间建立跨层连接，类似于特征网络的残差连接。从图 3.13 可以发现，本章设计的跨层特征金字塔网络使得每一层的特征图都充分地吸收了各个尺度的特征信息，从而可以更加有效地融合缺陷特征。相比原始的特征金字塔网络，跨层特征金字塔网络能进行更全面的特征融合，从而提供更加有效的特征图。

4）自适应特征融合（adaptive feature fusion，AFF）模块

YOLOv4 输出三个尺寸不同的特征图用于目标检测，在单层的特征网络上进行检测框的回归和分类，理论上由较大的特征图负责检测小目标，由较小的特征图负责检测大目标，这种检测方法在许多公开数据集上取得了较好的效果。但是，较大的特征图中也会包含大目标的特征信息，较小的特征图中也会包含小目标的特征信息，事实上，每个特征图都会包含所有目标的特征信息，如果能把同一个目标在不同特征图中的信息进行自适应的融合，就能提高缺陷检测的平均精度。为此本书设计了自适应特征融合模块，把各个不同尺寸的特征图进行自适应融合，其网络结构如图 3.14 所示。

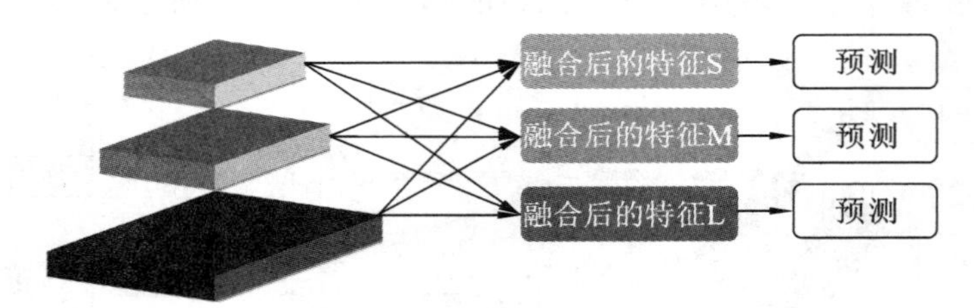

图 3.14 自适应特征融合模块

因为 YOLOv4 输出的三个特征图尺度是不一样的，要想将特征图融合，就要对特征图进行重放缩。把 YOLOv4 输出的三个不同尺度的特征图分别表示为 $\boldsymbol{X}_{\mathrm{S}}$、$\boldsymbol{X}_{\mathrm{M}}$、$\boldsymbol{X}_{\mathrm{L}}$，以把 $\boldsymbol{X}_{\mathrm{M}}$、$\boldsymbol{X}_{\mathrm{L}}$ 的特征融合到 $\boldsymbol{X}_{\mathrm{S}}$ 为例，首先由于 $\boldsymbol{X}_{\mathrm{M}}$、$\boldsymbol{X}_{\mathrm{L}}$ 和 $\boldsymbol{X}_{\mathrm{S}}$ 的通道数不同，因此，需要先用 1×1 卷积把 $\boldsymbol{X}_{\mathrm{M}}$、$\boldsymbol{X}_{\mathrm{L}}$ 的通道数转换成与 $\boldsymbol{X}_{\mathrm{S}}$ 相同的通道数。其次，$\boldsymbol{X}_{\mathrm{M}}$、$\boldsymbol{X}_{\mathrm{L}}$ 和 $\boldsymbol{X}_{\mathrm{S}}$ 的分辨率不同，需要把 $\boldsymbol{X}_{\mathrm{M}}$、$\boldsymbol{X}_{\mathrm{L}}$ 的分辨率放缩到与 $\boldsymbol{X}_{\mathrm{S}}$ 的相同，其中 $\boldsymbol{X}_{\mathrm{M}}$ 需要下采样 2 倍，而 $\boldsymbol{X}_{\mathrm{L}}$ 需要下采样 4 倍，对于 $\boldsymbol{X}_{\mathrm{M}}$ 用步幅为 2 的 3×3 卷积进行下采样，而对 $\boldsymbol{X}_{\mathrm{L}}$ 先进行步幅为 2 的最大池化，再进行步幅为 2 的 3×3 卷积，如果在分辨率变换的过程中需要用到上采样，则直接进行插值上采样。$\boldsymbol{X}_{\mathrm{M}}$ 和 $\boldsymbol{X}_{\mathrm{L}}$ 融合时的重放缩过程与 $\boldsymbol{X}_{\mathrm{S}}$ 的基本相同。

在对特征图进行通道、分辨率重放缩之后，便进行自适应融合，把 $\boldsymbol{X}_{\mathrm{M}}$、$\boldsymbol{X}_{\mathrm{L}}$ 重放缩到 $\boldsymbol{X}_{\mathrm{S}}$ 同通道，分辨率的特征记为 $\boldsymbol{X}^{\mathrm{M}\to\mathrm{S}}$、$\boldsymbol{X}^{\mathrm{L}\to\mathrm{S}}$，则 $\boldsymbol{X}^{\mathrm{M}\to\mathrm{S}}$、$\boldsymbol{X}^{\mathrm{L}\to\mathrm{S}}$ 和 $\boldsymbol{X}_{\mathrm{S}}$ 按照公式(3.10)进行融合。

$$\boldsymbol{X}_{ij}^{\mathrm{S}n}=W_{ij}^{\mathrm{S}}\cdot\boldsymbol{X}_{ij}^{\mathrm{S}}+W_{ij}^{\mathrm{M}\to\mathrm{S}}\cdot\boldsymbol{X}_{ij}^{\mathrm{M}\to\mathrm{S}}+W_{ij}^{\mathrm{L}\to\mathrm{S}}\cdot\boldsymbol{X}_{\mathrm{ij}}^{\mathrm{L}\to\mathrm{S}} \tag{3.10}$$

$\boldsymbol{X}_{ij}^{\mathrm{S}n}$ 表示融合后的新特征图 $\boldsymbol{X}^{\mathrm{S}n}$ 在位置(i,j)处的特征通道向量，自适应特征的融合是对特征图中的每一个位置(i,j)处的特征通道向量进行自适应融合，W_{ij}^{S}、$W_{ij}^{\mathrm{M}\to\mathrm{S}}$、$W_{ij}^{\mathrm{L}\to\mathrm{S}}$ 起到了特征点注意力机制的作用，显示在特征图的(i,j)处。受到注意力机制的启发，为了更好地融合特征，把$(W_{ij}^{\mathrm{S}},W_{ij}^{\mathrm{M}\to\mathrm{S}},W_{ij}^{\mathrm{L}\to\mathrm{S}})$转换为一个概率向量，即使得 $W_{ij}^{\mathrm{S}}+W_{ij}^{\mathrm{M}\to\mathrm{S}}+W_{ij}^{\mathrm{L}\to\mathrm{S}}=1$，$W_{ij}^{\mathrm{S}}$、$W_{ij}^{\mathrm{M}\to\mathrm{S}}$、$W_{ij}^{\mathrm{L}\to\mathrm{S}}\in[0,1]$，用 Softmax 函数实现该转换。按照公式(3.10)的方式融合，得到新的特征图 $\boldsymbol{X}^{\mathrm{S}n}$。同理，按照相同的融合方式可以得到新的特征图 $\boldsymbol{X}^{\mathrm{M}n}$ 和 $\boldsymbol{X}^{\mathrm{L}n}$，然后 $\boldsymbol{X}^{\mathrm{S}n}$、$\boldsymbol{X}^{\mathrm{M}n}$ 和 $\boldsymbol{X}^{\mathrm{L}n}$ 作为 YOLOv4 新的特征图对目标进行检测。

5）可变形卷积网络(deformable convolution networks，DCN)

在换向器缺陷检测的过程中，不同换向器缺陷的形状各异，这也增加了换向器缺陷检测的难度。标准卷积的卷积核是矩形(多数情况下为正方形)的，导致在换向器特征的卷积过程中无法感知换向器的具体形状，从而不能精准地提取换向器的特征。

在图 3.15 中，标准卷积对换向器缺陷进行特征提取时，有效的特征区域[图 3.15(b)中框选的深色区域]约为总特征的 1/3，背景特征占据了大部分，因此换向器缺陷的形状也会影响检测的精度。在特征提取时，理想的状态是仅对特征区域进行卷积，从而提高特征的有效性。为了解决这个问题，本书的模

(a)

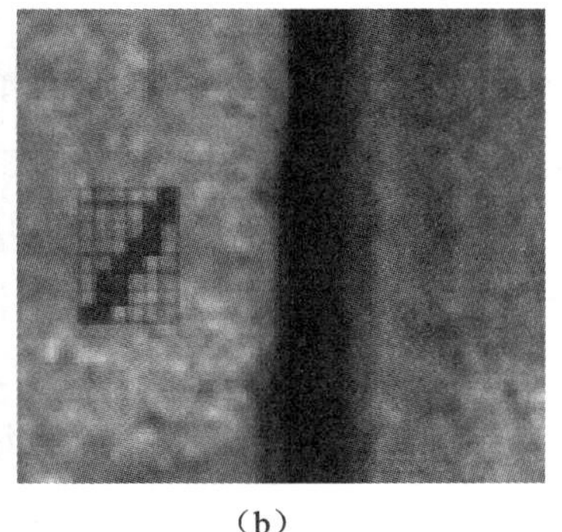

(b)

图 3.15 卷积区域示意图

型引入了可变形卷积,使卷积核不再为固定的矩形,卷积核可以根据换向器缺陷的形状进行自适应调整,在特征提取的过程中感知换向器缺陷的形状,从而提高换向器缺陷的检测精度。对比标准卷积,可变形卷积更容易获取全局特征,同时,缺陷的几何形状特征可以更好地被提取。可变形卷积操作示意图如图 3.16 所示。

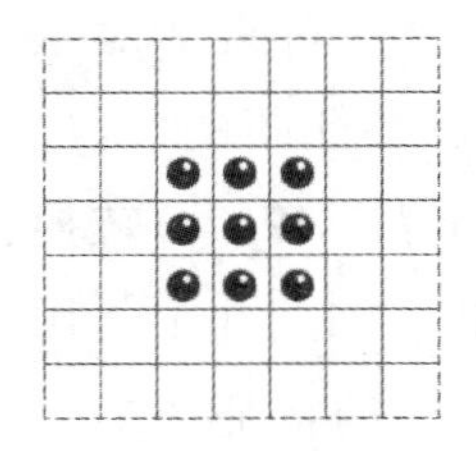
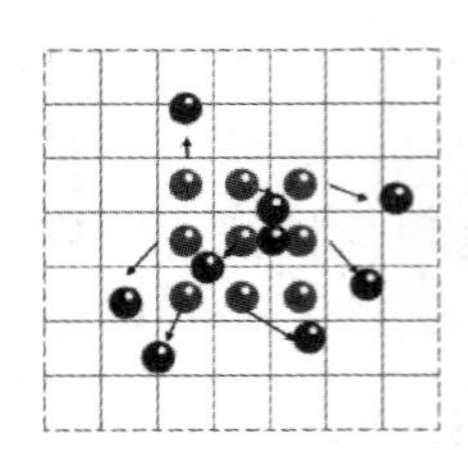
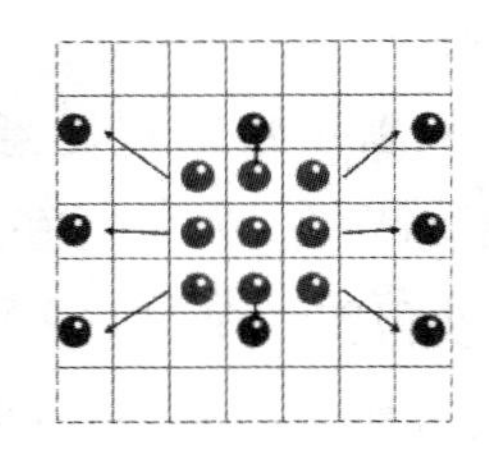
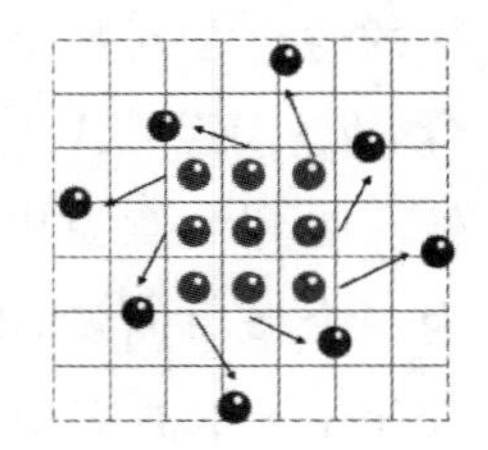

图 3.16　可变形卷积操作示意图

与可变形卷积不同,标准卷积提取特征的范围是规则的,因此标准卷积更容易获取形状规则的实例,同时更倾向于获取周围的特征信息,故对实例的几何形状感知较弱,会影响候选区域网络生成候选框的精度以及目标定位和掩盖分割的精度。为解决上述问题,本章在特征提取网络中引入可变形卷积操作,使得卷积操作不再局限于相邻周围点的采样,而对每个采样点附加一个位置偏移,以实现任意形状的卷积,从而增加卷积操作对实例几何形状的感知能力。如图 3.17 所示,可变形卷积构建了一个平行网络额外学习卷积位置偏移量,使得卷积核在特征图的采样位置处发生自适应偏移,集中学习感兴趣区域或者目标。通过对卷积位置的偏移,理论上可以只对图 3.15 中的特征区域进行卷积,并只提取换向器缺陷部分的特征。

常规卷积包含两个步骤:

(1) 用规则的网格 R(3×3 的卷积区域),上采样输入特征映射 $\boldsymbol{X}$;

(2) 对权重为 W 的采样值求和。

其中,感受域的大小(卷积核的外接矩阵大小)和空洞率(相邻卷积子之间的距离)用网格 R 定义。例如,定义空洞率为 1 的 3×3 卷积:

$R=\{(-1,1),(-1,0),\cdots,(0,1),(1,1)\}$(卷积区域中的像素相对于卷积中心的坐标位置),对于输出特征图的每一个位置 p_0,有

$$y(p_0)=\sum_{p_n\subseteq R}w(p_n)\cdot x(p_0+p_n) \tag{3.11}$$

其中,p_n 枚举了 R 中的位置;p_0 表示卷积核的中心位置;$w(p_n)$ 表示卷积核中

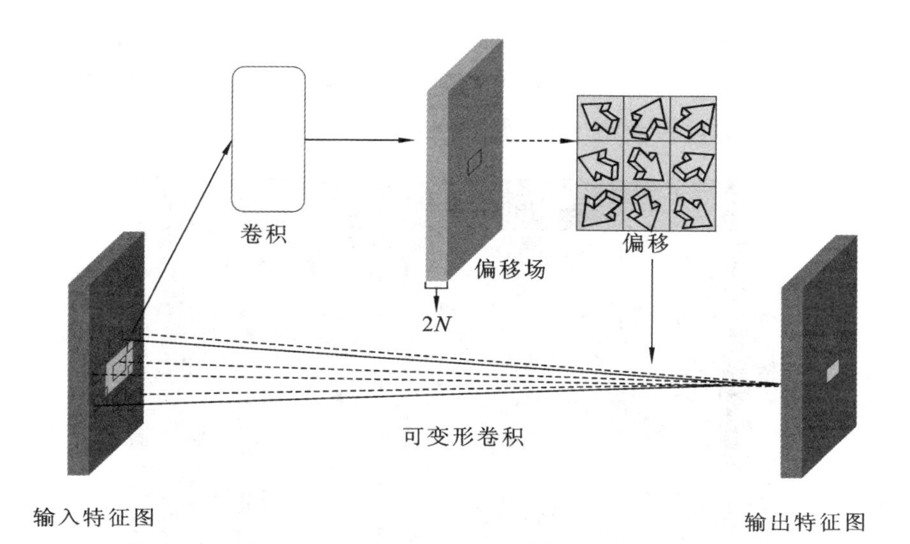

图 3.17　可变形卷积操作示意图

对应位置的权重值；$x(p_0+p_n)$表示在(p_0+p_n)处的特征值；$y(p_0)$表示在特征图 x 中 p_0处经过卷积后的输出值。

网格 R 中规则的卷积区域将(p_0+p_n)限定在固定的矩形内，为了打破这一限定，在可变形卷积中，为(p_0+p_n)引入了一个偏移量 Δp_n，从而可以根据缺陷的形状自适应地调整卷积核大小。随着偏移$\{\Delta p_n \mid n=1,\cdots,N\}$，卷积位置 $N=|R|$ 也发生变化，得到公式(3.12)。

$$y(p_0)=\sum_{p_n \subseteq R} w(p_n) \cdot x(p_0+p_n+\Delta p_n) \tag{3.12}$$

在已偏移的$(p_n+\Delta p_n)$位置采样时，因为 Δp_n 一般很小，因此，公式(3.13)通过双线性插值来实现。

$$x(p)=\sum_{q} G(q,p) \cdot x(q) \tag{3.13}$$

可变形卷积最大的优势是卷积核采样位置可以根据特征自适应移动，从而不再受规则卷积核的约束，可以更加精准地感受表面缺陷的形状、尺寸和空间位置。由于采样位置的偏移大小是浮点数，因此需要对偏移后的采样位置在特征图上采用双线性插值来得到特征值。为了提高可变形卷积的性能，在实际实现过程中，先对特征图中的像素进行采样位置偏移变量的相反操作(包括偏移方向和偏移量)，再对变换后的特征图进行标准的卷积操作，得到的结果与偏移卷积核的采样位置是一致的。

6）软非极大值抑制（soft non-maximum suppression，SNMS）算法

在换向器缺陷检测的过程中，因为使用锚点框和多尺度特征检测，所以一个位置的缺陷可能被多次检测到，如图 3.18 所示。

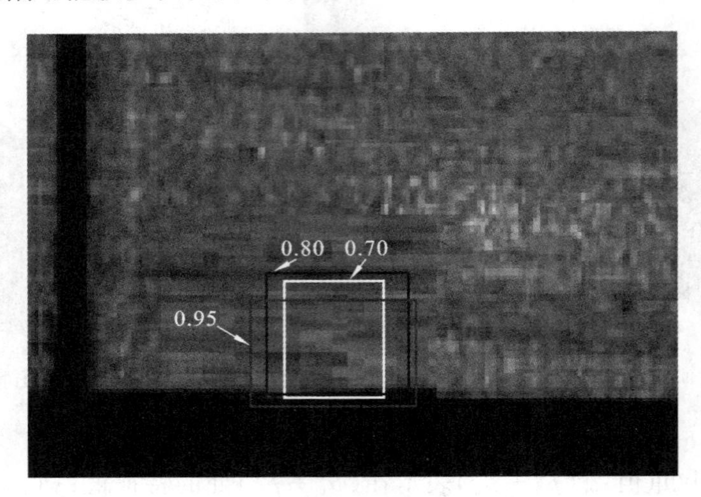

图 3.18 检测框冗余示意图

从图 3.18 中可以看出，一个换向器缺陷被检测了 3 次，如果不做任何的后处理，就会得到错误的结果。为了解决这个问题，通常使用 NMS 算法。首先，根据所有检测框的得分进行排序，选择一个得分最高的检测框，然后抑制那些与该检测框重合度高于某一阈值的其他同类别检测框，再按照这个方法递归地处理剩余的检测框。以图 3.18 为例，三个框都检测到了压印缺陷，假设灰色框的置信度为 0.95，黑色框的置信度为 0.80，白色框的置信度为 0.70，首先保留三个框中置信度最高的灰色框，然后计算黑色框与灰色框的重合度（通常是计算交并比，IoU），当该重合度大于某一阈值时，过滤黑色框，然后对白色框进行同样的操作，因此可以过滤掉冗余框。按照这个算法流程，当 NMS 使用高阈值抑制时，会导致预测同一个目标的多个检测框没有被过滤掉，会增加算法的误报率，在这种情况下，真阳性的增加将少于假阳性的增加，这是因为通道上检测目标的数量和检测器所生成检测框的数量相比更少。当阈值较低时，预测两个不同目标的检测框相近，会把其中一个得分相对较低的检测框给过滤掉，增加检测算法的漏检率。

如图 3.19 所示，按照 NMS 算法，当同类缺陷的检测框重合度比较高时，也会被当作检测同一个目标，把原本正确的检测结果处理成错误的。NMS 算

法在决定是否保留检测框时设置了一个硬阈值，对检测框产生了两种离散的结果，对于重合度高于阈值的同类别的检测框进行删除，对于重合度低于阈值的进行保留，因此很难既保留同一个目标的高重合检测框，又保留两个同类别的高重合检测框。所以很难找到一个阈值平衡点，在删除图 3.18 所示冗余检测框的同时保留图 3.19 所示同类相邻近的缺陷检测框。

图 3.19 同类相邻近的缺陷检测示意图

为了有效解决这个问题，本章引入了软非极大值抑制（SNMS）算法，SNMS 算法把原始 NMS 算法的离散抑制结果转变成一种连续的抑制衰减，把原来的删除抑制改为降低置信度抑制，SNMS 算法设计了两个衰减公式，如公式(3.14)和公式(3.15)。

$$s_i=\begin{cases} s_i, \mathrm{IoU}(M, s_i) \leqslant N_t \\ s_i[1-\mathrm{IoU}(M, s_i)], \mathrm{IoU}(M, s_i) > N_t \end{cases} \tag{3.14}$$

$$s_i=s_i \mathrm{e}^{-\frac{\mathrm{IoU}(M, b_i)^2}{\sigma}} \tag{3.15}$$

其中，M 是当前得分最高的检测框；N_t 表示抑制的阈值；b_i 表示第 i 个检测框；IoU 表示两个检测框的交并比值；s_i 表示第 i 个检测框的置信度。

SNMS 算法的抑制理念是对重合度高的检测框进行重惩罚，对重合度低的检测框进行轻惩罚或者不惩罚。SNMS 算法通过惩罚把与 M 重合度高的检测框的置信度给降下来，并不会直接把检测框给筛选掉，最后由置信度的阈值进行检测框筛选。式(3.14)是一种线性的衰减方法，当检测框 b_i 和 M 的交并比小于等于 N_t 时不做衰减，当大于 N_t 时衰减率为$[1-\mathrm{IoU}(M, s_i)]$。

式(3.15)则是一种高斯衰减方法,会对所有同类别的检测框都进行惩罚,对与 M 重合度高的检测框进行重惩罚,对与 M 重合度低的检测框进行轻惩罚,并且这种变化是呈指数变化的,只有完全不相交,才不会产生惩罚。软非极大值抑制算法与非极大值抑制算法不同,并不是对检测结果给出保留或者删除两种判决,而是通过重合度降低非极大值框的置信度,如图 3.20 所示。

图 3.20 使用软非极大值抑制算法处理后的检测框示意图

使用软非极大值抑制处理后,通过置信度进行过滤,就可以很好地区分冗余检测框和同类相邻近的缺陷检测框两种情况。

7) 联合聚焦损失(federal focal loss,FFL)

YOLOv4 使用 DIoU 作为损失函数,本章回归框的损失选用了 CIoU 损失函数,CIoU 损失函数是 DIoU 损失函数的改进版本。DIoU 损失函数($L_{\mathrm{DIoU}}=1-\frac{\mathrm{box}_{目标框}\cap \mathrm{box}_{预测框}}{\mathrm{box}_{目标框}\cup \mathrm{box}_{预测框}}+\frac{d^2}{c^2}$,在 3.2 节有详细介绍)在检测框和目标框中心重合时,其惩罚项 $\frac{d^2}{c^2}$ 就失效了,如图 3.21 所示。

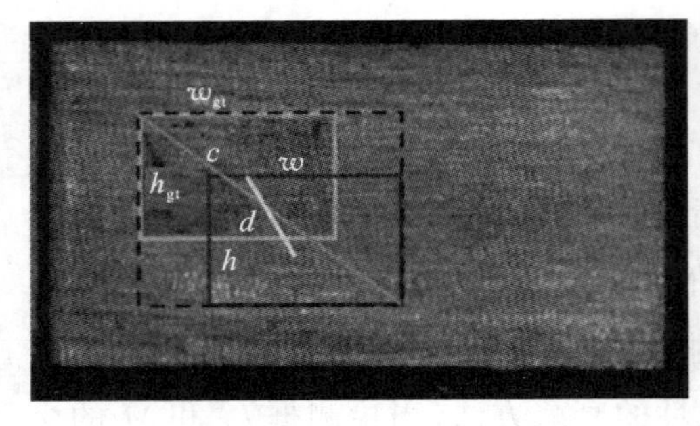

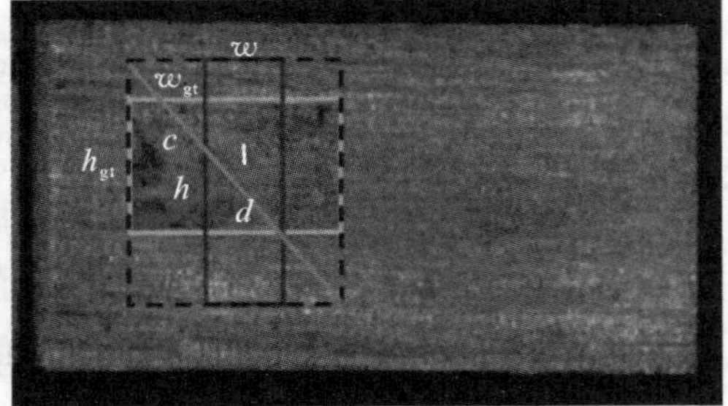

图 3.21 CIoU 损失函数示意图

当检测框和目标框中心重合时，d 值为 0，$\frac{d^2}{c^2}$ 为 0，这意味着 d 和 c 都不再起作用，因此当出现图 3.21(b)所示情况时，无法快速地进行收敛。为了改进 DIoU 损失函数的这个问题，CIoU 损失函数引入了额外的损失惩罚项，公式如下。

$$
\begin{aligned}
L_{\text{CIoU}} &= 1-\frac{\text{box}_{目标框} \cap \text{box}_{预测框}}{\text{box}_{目标框} \cup \text{box}_{预测框}}+\frac{d^2}{c^2}+av \\
v &= \frac{4}{\pi^2}\left(\arctan\frac{w_{\text{gt}}}{h_{\text{gt}}}-\arctan\frac{w}{h}\right)^2 \\
a &= \frac{v}{\left(1-\frac{\text{box}_{目标框} \cap \text{box}_{预测框}}{\text{box}_{目标框} \cup \text{box}_{预测框}}\right)+v}
\end{aligned}
\tag{3.16}
$$

其中，d 表示目标框和预测框中心点的距离，用于量化目标框和预测框的距离；c 表示目标框和预测框的最远距离；av 是新增加的损失惩罚项；w_{gt} 和 h_{gt} 分别表示目标框的宽和高；w 和 h 分别表示预测框的宽和高；v 用于确保目标框和预测框宽高比的一致性；a 用于控制宽高比损失的比重。

当 CIoU 损失函数遇到图 3.21(b)的情况时，仍然可以通过宽高比损失进行快速的收敛。

在目标检测中，正负样本比例很不均衡，负样本的数量很大，模型学习到的大部分是负样本的特征，容易导致模型往有利于负样本的方向进行优化，从而导致模型的泛化性能差，无法通过训练得到全局最好的模型。为了解决这一问题，有人提出了聚焦损失(focal loss)的概念。聚焦损失的公式如下。

$$
L_{\text{fl}}=\begin{cases}-a(1-y')^{r}\lg y', & y=1\\ -(1-a)y'^{r}\lg(1-y'), & y=0\end{cases}
\tag{3.17}
$$

其中，y 表示缺陷的标签值；y' 表示模型预测的值；a 表示正负样本之间的权重值；r 表示正负样本之间的调整系数。

聚焦损失可以有效地解决由于正负样本不平衡而导致的模型训练失衡的问题。在表面缺陷检测的过程中，由于训练过程可以获取换向器缺陷的真实框，因此可以使用交并比选取最精准的预测目标框，引导模型感知这些目标框，并且将交并比作为评估的指标，但是在测试过程中，因为无法获取表面缺陷的真实框，所以通常把分类置信度作为预测目标框的指标，用目标框的置信度进行排序，并且用非极大值抑制方法进行筛选，在这个过程中默认分类置信度高的目标框的质量更高。实际上，与真实框交并比最高的目标框的分类置信度不一定是最高的，因此，使用 IoU 指标来评估目标框质量时，会导致无法选取到最好的目标框。

在图 3.22 中，从定位的角度来看，会选取浅色框作为检测框，因为浅色框的定位更加准确，而从分类的角度来看，会选取深色框，因为深色框的置信度更高(可能是因为缺陷的像素百分比更高)，所以定位和分类训练的是两个不同的分布。另外，在训练的时候，因为有真实的目标框，所以通常是通过检测框和目标框的 IoU 进行筛选，但是在预测的时候，因为没有真实的目标框，所以只能通过置信度(分类置信度和框的置信度)来进行筛选，而评估模型的时候又是通过 IoU 来评价定位精度的，因此检测框的选取指标和评估指标出现了抑制，按照 YOLOv4 模型，在检测时选取的是图 3.22 中的浅色框，但是预测时选取的是图 3.22 中的深色框。

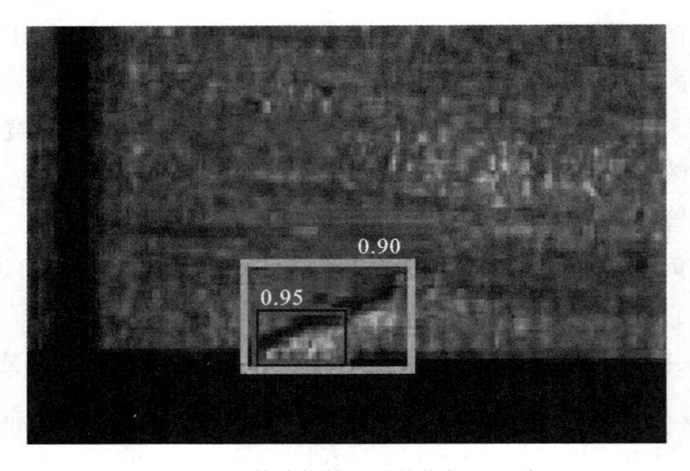

图 3.22 筛选指标和评估指标不一致

为了解决这个问题，FI-YOLOv4 模型使用联合聚焦损失代替聚焦损失作为表面缺陷检测任务头部分类分支的损失函数，公式如下。

$$L_{\mathrm{ffl}}(\sigma)=(1+|y-\sigma|)^{\beta}L_{\mathrm{fl}} \tag{3.18}$$

其中，y 为目标框的评估指标，取 0～1，本书使用的是真实框和目标框的交并比；σ 是目标对象的分类置信度；β 是一个调整比例。

当 $y=\sigma$ 时，即交并比与分类置信度相等时，联合聚焦损失就会退化成聚

焦损失,并且$L_{\mathrm{ffl}}(\sigma)$可以获取全局最小值。$|y-\sigma|$越大,即交并比与分类置信度相差越大时,$L_{\mathrm{ffl}}(\sigma)$的值也就越大。通过分析可以知道,联合聚焦损失可以引导模型使目标框的交并比和分类置信度趋于一致,从而使得模型在训练阶段和测试阶段选取评估指标一致的目标框。通过关联定位的精度和分类的置信度,当定位的精度(IoU)和分类的置信度趋于一致时,获得最小损失,从而使筛选检测框的指标和评估检测框的指标也趋于一致,如图 3.23 所示,在训练和预测时都选取浅色框。

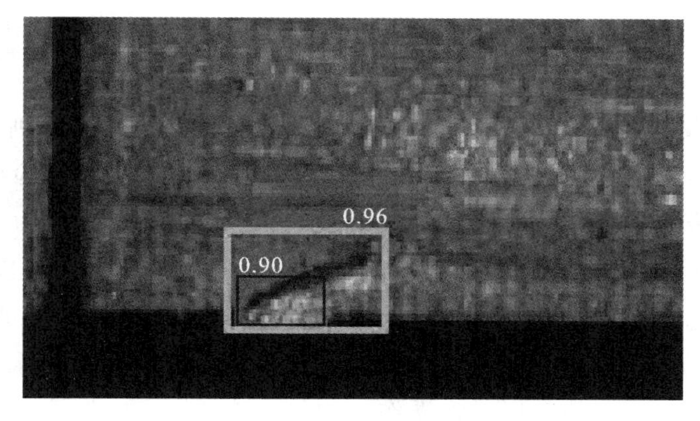

图 3.23　筛选指标和评估指标一致

3.4　实验验证与结果分析

本节基于改进模型 FI-YOLOv4 对数据扩充后的数据集进行表面缺陷目标检测,分别与 YOLOv4、SSD、Faster R-CNN、RetinaNet 等性能优异的目标检测器做了详细的实验对比。同时,为了更好地分析 FI-YOLOv4 算法模型中各个改进模块的作用,本节还进行了详细的消融对比实验,用以证明改进算法的有效性。

需要注意的是,本书在标注时对肉眼可识别的换向器缺陷都进行了标注,提到的换向器缺陷尺寸也是像素尺寸,在实际使用过程中,可以通过摄像头的内参数(焦距和主点)将像素尺寸转换为实际缺陷尺寸。另外,需要对换向器检测到缺陷和缺陷换向器进行区分,换向器检测到缺陷是指换向器存在某种缺陷,而缺陷换向器不仅需要存在某种缺陷,而且还需要超过一定的标准。本书对检测模型的评估主要是检测换向器是否存在缺陷，并且通过检测框返回缺陷的尺寸(本实验返回的是像素尺寸)，进而对检测器的性能进行客观的评估。在实际应用过程中，可以根据缺陷的种类和尺寸按照机械标准判别换向器是否属于缺陷换向器，以及进行何种处理，同时企业也可以设置自己的标准，这属于后期逻辑控制，不在本书的讨论范围内。

3.4.1 实验设置

本章实验是在 Intel(R) Xeon(R) E5-2630，20 核 40 线程的 CPU，16 GB 显存的 NVIDIA Tesla P100 显卡，128 GB 内存的环境下进行的。实验主要对换向器缺陷数据集中的外圆打伤、外圆夹渣、外圆压印、外圆毛刺、油污、槽边毛刺、槽边打伤和钩端打伤 8 类换向器缺陷进行检测，并进行实验结果对比。

本章的模型参数使用 Adam 梯度优化算法，权重衰减系数为 5×10^{-4}，初始学习率为 1×10^{-3}，每个轮次对学习率以 0.95 的衰减率进行一次衰减，总共训练 100 个轮次，每次训练 8 类图片，每类换向器缺陷图片 1000 张。另外，为了提高模型的鲁棒性，本章还对缺陷数据集进行了放缩、裁剪、水平翻转和添加高斯噪声 4 种常用的数据增强操作。

3.4.2 定性与定量比较

为了验证本章改进算法的有效性，本节对换向器缺陷数据集进行了表面缺陷目标检测，表 3.1 所示为检测性能对比(其中加黑的字体表示最优性能)。

表 3.1 FI-YOLOv4 与其他模型的检测性能对比

网络	输入尺寸/ppi	速度/fps	时间/ms	AP_{50}/(%)	AP_{75}/(%)	AP_S/(%)	AP_M/(%)	AP_L/(%)
YOLOv4	416×416	**34.3**	**29.1**	79.2	69.3	67.2	78.9	87.4
SSD	300×300	15.6	64.1	70.7	61.5	59.9	70.2	82.9
Faster R-CNN	512×512	8.1	123	80.5	70.2	70.9	81.2	87.9
RetinaNet	512×512	13.9	71.9	74.9	63.4	63.5	75.5	84.4
FI-YOLOv4	416×416	21.6	46.3	**87.8**	**77.2**	**79.7**	**84.4**	**91.2**

为了更加全面地分析换向器缺陷检测的性能，本章参照 COCO 数据集对目标大小的分类方法（缺陷尺寸小于等于 32×32 像素的为小目标，大于 32×32 像素且小于等于 96×96 像素的为中目标，大于 96×96 像素的为大目标），引入了 AP_S、AP_M、AP_L 三个参数，分别表示换向器小缺陷、中等缺陷和大缺陷的检测精度。

从表 3.1 可以看出，本章改进算法在 AP_{50}（检测框和目标框的 IoU 大于 50%时的平均精度）、AP_{75}（检测框和目标框的 IoU 大于 75%时的平均精度）、AP_S、AP_M、AP_L 上均达到了最优，其中 AP_{50} 分别比 SSD、RetinaNet、YOLOv4、Faster R-CNN 高了 17.1、12.9、8.6、7.3 个百分点，检测的平均精度远远高于其他模型，AP_{75} 分别比 SSD、RetinaNet、YOLOv4、Faster R-CNN 高了 15.7、13.8、7.9、7.0 个百分点，平均精度优势与其他模型进一步拉大，说明本章改进算法不仅检测平均精度高，而且检测框的定位也更加精准。这是因为改进算法的感受野更广，同时融合了多个尺寸的特征，对目标对象的边界感知能力更强。另外，各个模型的 AP_L 之间的差距相对较小，这是因为大的换向器缺陷目标相对容易检测。通常，小目标的检测是目标检测过程中的难点，因为小目标在图像中占的像素比较少，特别在特征图下采样之后，小目标在特征图上所占的像素就更少了，所以很容易导致检测器漏检。

从表 3.1 可以看出，改进算法在小的换向器缺陷目标上，检测平均精度大幅领先于其他对比模型，AP_S 分别比 SSD、RetinaNet、YOLOv4、Faster R-CNN 高了 19.8、16.2、12.5、8.8 个百分点。可见改进算法对小目标的检测能力比其他对比模型强很多，因此对缺陷检测的效果也远远优于其他模型，很好地印证了本章算法的改进模块对 YOLOv4 模型的提升作用。本章改进算法的检测速度为 21.6 fps，比原始 YOLOv4 模型要低一些，这是因为本章改进算法在 YOLOv4 网络结构上增加了改进模块，增加了一定的计算量，同时 SNMS 也会增加一定的时间开销，导致改进算法的时间性能只有原始 YOLOv4 模型的 60%左右，但与其他模型相比，检测速度仍然会快许多，可以很好地达到实时检测的效果。

表 3.2 对比了改进算法与其他模型的缺陷 Recall（召回率）和 Precision（精准率）性能，从表中可以看出，改进算法的 Recall 为 91.8%，分别比 SSD、RetinaNet、YOLOv4、Faster R-CNN 高 16.6、11.3、5.3、5.1 个百分点。改进算法之所以有如此高的召回率，一方面是因为本算法对 YOLOv4 网络的各个模

块进行了优化，所以改进算法有更高的检测平均精度，另一方面因为检测框是使用SNMS算法筛选的，SNMS是一种贪心算法，会尽可能多地保留检测框。SNMS算法除了带来较高的Recall外，也导致Precision相比YOLOv4模型提升的幅度有限，仅高了0.9个百分点，比Faster R-CNN模型还低了0.7个百分点，这是因为SNMS算法的贪心策略导致部分错误检测框被错误地保留下来。但是综合来看，改进后的YOLOv4算法在召回率和精准率性能上还是要远远好于其他模型的。提高改进算法的时间性能，进一步优化SNMS的贪心策略，提高改进算法的精准率，是未来主要的优化方向。

表3.2　FI-YOLOv4模型与其他模型的缺陷召回率和精准率性能对比　　单位：%

网络	TP	FP	FN	Recall	Precision	AP_{50}
YOLOv4	266	60	41	86.5	81.5	79.2
SSD	231	73	76	75.2	76.0	70.7
Faster R-CNN	267	54	40	86.7	83.1	80.5
RetinaNet	248	60	60	80.5	80.4	74.9
FI-YOLOv4	282	60	25	91.8	82.4	87.8

为了验证本章改进算法的性能，保证算法间的客观公平，在相同的输入尺寸和骨干网络(特征层的层数和主体结构相同)的条件下，对SSD、RetinaNet、YOLOv4、Faster R-CNN和改进后的算法进行实验对比，在换向器缺陷数据集上进行目标检测性能评估。实验表明，改进算法的各项平均精度都有很大的提升，本章改进算法的目标检测效果提升明显。

从表3.3可以看出(加黑字体为最佳性能)，在相同的输入尺寸和骨干网络的条件下，本章改进算法的平均精度比现有的目标检测算法都有很大的提升，改进算法的AP_{50}分别比SSD、RetinaNet、Faster R-CNN、YOLOv4高了9.3、7.2、5.7、5.1个百分点。另外，改进算法的单独指标AP_{50}、AP_{75}、AP_S、AP_M和AP_L都是最好的，特别是小目标检测的AP_S，分别比SSD、RetinaNet、Faster R-CNN、YOLOv4高了10.4、10.2、9.4、7.4个百分点，说明改进算法的小目标检测性能非常优秀。另外，与基础模型YOLOv4相比，改进算法的AP_{50}、AP_{75}、AP_S、AP_M、AP_L也分别比YOLOv4提高5.1、4.7、7.4、13.9、5.2个百分点，检测的性能比YOLOv4有了全方位的提高，大幅领先于其他对比模型。

表 3.3　相同结构下改进方法与现有目标检测方法的性能比较

网络	输入尺寸 /ppi	骨干网络	速度 /fps	时间 /ms	AP_{50} /(%)	AP_{75} /(%)	AP_S /(%)	AP_M /(%)	AP_L /(%)
YOLOv4	640×640	Res-50	**16.1**	**62.1**	83.9	76.2	55.2	67.5	86.3
SSD	640×640	Res-50	7.0	143.1	79.7	70.0	52.2	61.9	83.0
Faster R-CNN	640×640	Res-50	4.5	223.5	83.3	73.5	53.2	66.3	85.7
RetinaNet	640×640	Res-50	5.6	176.9	81.8	73.6	52.4	64.2	85.8
FI-YOLOv4	640×640	Res-50	11.3	88.5	**89.0**	**80.9**	**62.6**	**81.4**	**91.5**

从表 3.3 中看出，任意的平均精度指标，改进算法都是 5 个模型中最好的，并且有着明显的领先优势，这既得益于基础模型 YOLOv4 的本身性能非常出色，又倚仗改进算法在 YOLOv4 的基础上全方位的性能提升。同时注意到，改进算法的时间性能比原始的 YOLOv4 模型稍差一些，但远远高于其他几个检测模型，这主要是因为可变形卷积比标准卷积在时间性能上稍差一些，改进算法在 ResNet 的 C3、C4、C5 层（在骨干网络中根据特征图尺寸下采样的倍率，特征图分为 C1、C2、C3、C4、C5 层，分别是下采样 2 倍、4 倍、8 倍、16 倍、32 倍）都使用了可变形卷积，使得对目标的检测更加耗时，同时，改进的可变性卷积需要一定的运算时间，进而也影响了改进算法的时间性能。如何提高改进算法的时间性能是算法未来优化的主要方向。

3.4.3　分离实验

为了更全面地分析本章改进算法的性能情况，本节分别对模型的改进模块和损失函数做了分离实验。表 3.4 是整体改进算法的分离实验。

表 3.4　整体改进算法分离实验

网络	输入尺寸 /ppi	速度 /fps	时间 /ms	AP_{50} /(%)	AP_{75} /(%)	AP_S /(%)	AP_M /(%)	AP_L /(%)
YOLOv4	416×416	34.3	29.1	79.2	69.3	67.2	78.9	87.4
YOLOv4＋B-SPP	416×416	33.4	29.9	82.9	71.2	74.9	81.2	88.5

续表

网络	输入尺寸/ppi	速度/fps	时间/ms	AP_{50}/(%)	AP_{75}/(%)	AP_S/(%)	AP_M/(%)	AP_L/(%)
YOLOv4+DCN	416×416	22.7	44.1	83.4	72.9	73.2	81.8	89.2
YOLOv4+DCN+B-SPP	416×416	21.6	46.3	85.1	74.2	77.7	82.9	90.1

从表 3.4 可以看出，改进算法增加的时间开销主要来自可变形卷积，可变形卷积在卷积核采样的时候增加了偏移的操作，比标准的卷积更加费时，YOLOv4+DCN 的时间开销比原始的 YOLOv4 增加了 51.5%。相比于可变形卷积，B-SPP 增加的时间开销更小一些。另外，通过对比可以得到，B-SPP 和 DCN 都明显地提高了目标检测的精度。B-SPP 使 AP_{50} 提高了 3.7 个百分点，同时 B-SPP 对提升小目标检测精度的效果十分明显，AP_S 提升了 7.7 个百分点，这主要是因为 B-SPP 融合了多种感受野的特征，可以更加精准地提取到小目标的特征。DCN 虽然带来了一定的时间开销，但是带来的精度提升效果也十分明显，引入 DCN 之后，模型的 AP_{50} 提升了 4.2 个百分点，AP_{75} 提升了 3.6个百分点，各种尺寸的目标精度提升也十分明显，这是因为可变形卷积增强了对目标的形状感知。B-SPP 和 DCN 的叠加使用，可以使模型的精度得到进一步的提升，AP_{50} 的提升达到了 5.9 个百分点，AP_{75} 提升了 4.9 个百分点，也证实了两个改进模型都有很大的性能提升作用。

上面提到，可变形卷积对目标检测精度有很好的提升作用，为了更好地分析可变形卷积的提升效果，本章对可变形卷积的使用位置做了分离实验，实验结果如表 3.5 所示。

表 3.5 可变形卷积分离实验

网络	DCN 位置	输入尺寸/ppi	速度/fps	时间/ms	AP_{50}/(%)	AP_{75}/(%)	AP_S/(%)	AP_M/(%)	AP_L/(%)
YOLOv4	无	416×416	34.3	29.1	79.2	69.3	67.2	78.9	87.4
YOLOv4	C5	416×416	29.2	35.4	82.6	71.4	71.8	81.2	88.8
YOLOv4	C4、C5	416×416	25.5	39.2	83.1	72.7	73.0	81.7	89.3
YOLOv4	C3、C4、C5	416×416	22.7	44.1	83.4	72.9	73.2	81.8	89.2

从表 3.5 可以看出，只在 C5 阶段使用可变形卷积就可以大大提高换向器

缺陷目标检测的精度。另外，相比中目标和大目标，小目标的检测精度提升较明显，这是因为小目标的检测难度本身就比较高，而且小目标在特征图上的像素比较少，标准卷积很难准确地提取到小目标的特征信息，相反，可变形卷积更容易区分小目标和周围的特征信息，准确提取特征信息，发挥可变形卷积的优势。在 C4、C5 阶段同时使用可变形卷积比单独在 C5 阶段使用可变形卷积作用更明显，各项性能上有更大的提升，理论上两个阶段的形状感知可以更好地提取有效特征，这也证明了在一定范围内可变形卷积的层数越多，检测的效果越好。值得注意的是，当在 C3、C4、C5 三个阶段都使用可变形卷积时，与在 C4、C5 两个阶段使用时相比，提升的效果并不明显，AP_{50} 和 AP_{75} 提升的幅度都很小，甚至 AP_{L} 出现了略微减小。一方面是因为 C3 的特征层相对比较浅，对后面的检测任务影响不大，另一方面，可变形卷积因层数增加而带来的性能增益也达到了饱和。

除此之外，本章还对改进的损失函数做了分离实验，表 3.6 是改进的损失函数的分离实验。

表 3.6　改进的损失函数的分离实验

损失函数	输入尺寸/ppi	速度/fps	时间/ms	AP_{50}/(%)	AP_{75}/(%)	AP_{S}/(%)	AP_{M}/(%)	AP_{L}/(%)
YOLOv4+GIoU+Focal Loss	416×416	21.6	46.3	84.8	74.8	76.9	81.7	89.0
YOLOv4+CIoU+Focal Loss	416×416	21.6	46.3	85.0	75.2	77.3	81.9	89.0
YOLOv4+DIoU+Focal Loss	416×416	21.6	46.3	85.3	75.7	77.1	82.4	89.3
YOLOv4+GIoU+Federal Focal Loss	416×416	21.6	46.3	87.1	76.4	79.0	84.0	90.7
YOLOv4+CIoU+Federal Focal Loss	416×416	21.6	46.3	87.5	76.9	79.5	84.3	91.3
YOLOv4+DIoU+Federal Focal Loss	416×416	21.6	46.3	87.8	77.2	79.7	84.4	91.2

表 3.6 中，GIoU(generalized intersection over union)、CIoU(complete-IoU)、DIoU(distance-IoU)是三种不同的定位损失函数，Focal Loss 是分类损失函数，Federal Focal Loss 是联合损失函数。通过对比发现，Federal Focal Loss 对目标检测的精度提升效果明显，无论是小目标、中目标还是大目标在检测指标上都有提升，针对三种不同的定位损失 GIoU、CIoU 和 DIoU，Federal Focal Loss 使 AP_{50} 分别提升了 2.3、2.5、2.5 个百分点，并且没有增加时间。

Federal Focal Loss 的优秀性能来源于统一了训练和预测的检测框筛选指标，从而针对三种不同的定位损失都有很好的提升效果，理论上对其他的定位损失也会有同样的提升作用。另外，损失函数主要对训练过程产生影响，并不会影响网络结构，所以在测试的时候，模型的网络结构是一致的，测试的时间开销也是一致的。

本章对空间注意力机制和通道注意力机制进行了分离实验，以验证注意力机制对换向器缺陷检测精度提升的有效性。

从表 3.7 可以看出，无论是通道注意力还是空间注意力，都使原始的 YOLOv4 模型有较大的提升，通道注意力机制（SENet）的 AP_{50}、AP_{75}、AP_S、AP_M、AP_L 比原始的 YOLOv4 模型分别提高了 3.9、2.8、6.6、1.4、1.6 个百分点，而空间注意力机制（BAM）的 AP_{50}、AP_{75}、AP_S、AP_M、AP_L 比原始的 YOLOv4 模型分别提高了 4.4、3.1、7.0、1.8、1.9 个百分点，在换向器缺陷检测任务中，空间注意力机制提升的效果略微好一些，但是两者的提升效果会根据任务的不同发生改变，无法从理论上证明哪一种注意力机制的效果更好。另外，当 YOLOv4 中同时使用两种注意力机制时，检测精度提升得更加明显，AP_{50}、AP_{75}、AP_S、AP_M、AP_L 比原始的 YOLOv4 模型分别提高了 5.6、4.9、10.5、4.0、2.7个百分点，叠加效应明显。值得注意的是，虽然两种注意力机制有很好的提升效果，但是带来的时间开销变化却很小，不到 10%，这主要是因为两种注意力机制只增加了很小的计算量。注意力机制虽然只增加了很小的额外计算量，但是可以有效地区分特征的重要性，尤其是小目标的缺陷，注意力机制可以帮助模型准确地提取小区域缺陷的目标特征，因此在模型中有效地使用注意力机制，可以很好地提高其检测性能。

表 3.7 注意力机制改进算法分离实验

注意力机制	输入尺寸/ppi	速度/fps	时间/ms	AP_{50}/(%)	AP_{75}/(%)	AP_S/(%)	AP_M/(%)	AP_L/(%)
YOLOv4	416×416	34.3	29.1	79.2	69.3	67.2	78.9	87.4
YOLOv4+SENet	416×416	33.4	29.9	83.1	72.1	73.8	80.3	89.0
YOLOv4+BAM	416×416	22.7	30.1	83.6	72.4	74.2	80.7	89.3
YOLOv4+CBAM	416×416	21.6	30.3	84.8	74.2	77.7	82.9	90.1

图 3.24 是注意力机制对比实验在训练过程中验证集的损失收敛图。

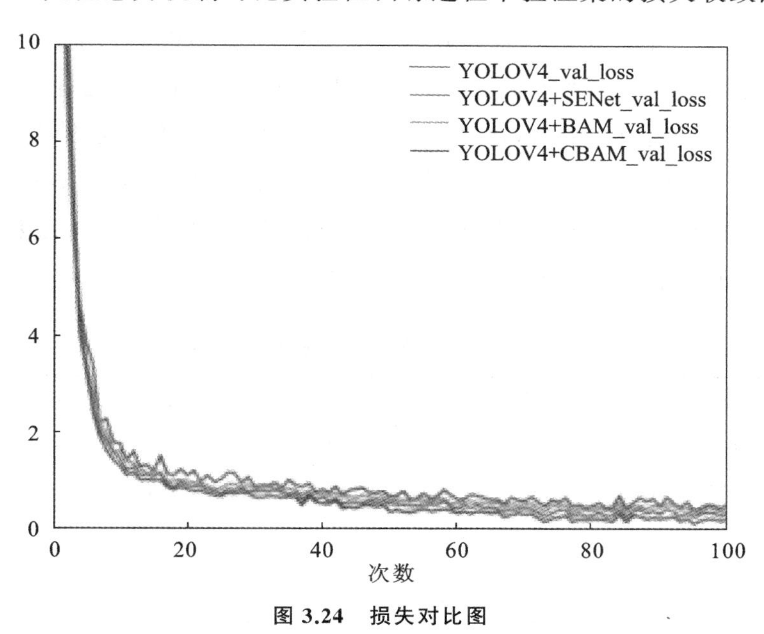

图 3.24 损失对比图

从图 3.24 中可以看出，原始的 YOLOv4 模型在训练初期波动较大，最终收敛的精度也相对较差，这是因为网络在特征提取时，所有的特征都被视为同等重要，所以有时会受到无效特征的影响，导致不能得到最优的模型权重。当引入注意力机制后，有效特征的权重被提升，模型优化的方向更加稳定，最后收敛的精度也越高。

为了验证本章设计的跨层特征金字塔网络（B-FPN）的提升效果，本章设计了跨层特征金字塔网络分离实验。

其中 PANET（path aggregation network for instance segmentation）、FPN、Bi-FPN（EfficientDet：scalable and efficient object detection）和 B-FPN 是四种不同特征金字塔融合方式，原始的 YOLOv4 算法使用的是 PANET 的特征融合方式。

从表 3.8 可以看出，在四种特征融合的方式中，FPN 的检测精度最低，这主要是因为 FPN 采用单向的特征融合方式，而 PANET、Bi-FPN 和 B-FPN 都采用双向的特征融合，因此对特征来说有更好的融合效果。在四种特征融合方式中，B-FPN 在各个精度指标上都达到了最优，B-FPN 的 AP_{50}、AP_{75}、AP_S、

AP_M、AP_L比原始的 YOLOv4 模型分别提高了 2.9、2.1、2.4、1.1、1.2 个百分点，可以看到跨层特征连接的这种方式对中小换向器缺陷检测精度的提升效果更为明显，这是因为中小换向器缺陷的检测更依赖于不同特征层的特征。另外，使用 Bi-FPN 相比原始的 YOLOv4 模型在检测性能上有一定的提升，但是与 B-FPN 相比不仅提升的幅度小，而且增加的时间开销更大。本章设计的 B-FPN 模型对检测精度的提升效果明显，时间开销小，适用于任何需要特征融合的网络，对许多深度学习任务都有重要意义。

表 3.8　跨层特征金字塔网络分离实验

特征金字塔融合方式	输入尺寸/ppi	速度/fps	时间/ms	AP_{50}/(%)	AP_{75}/(%)	AP_S/(%)	AP_M/(%)	AP_L/(%)
YOLOv4+PANET	416×416	34.3	29.1	79.2	69.3	67.2	78.9	87.4
YOLOv4+FPN	416×416	38.1	26.2	77.0	67.1	65.8	76.3	85.1
YOLOv4+Bi-FPN	416×416	30.1	33.2	81.2	70.9	69.0	79.2	88.1
YOLOv4+B-FPN	416×416	34.1	29.3	82.1	71.4	69.6	80.0	88.6

另外，为了评估本章所设计的自适应特征融合(AFF)模块的有效性，本章对 AFF 模块进行了对比实验。

表 3.9 中的固定融合(fixed fusion，FF)是指三个不同尺寸的特征以 1∶1∶1 的比例进行融合。从对比实验中可以看出，当特征采取固定融合方式时，反而带来了负作用(检测精度下降)，这是因为不同尺寸的特征对检测的目标有各自的侧重性，如果以 1∶1∶1 的比例进行融合，等同于取消了不同尺寸特征的侧重性，反而会造成检测精度的下降。因此不同尺寸特征融合的比例需要根据相应的任务进行调整，本章设计的 AFF 正是为了让不同尺寸的特征进行最优的融合，把最优权重通过训练进行自适应的选择，从而使不同尺寸的特征以各自最优的方式进行融合，提高缺陷检测的精度。自适应特征融合后模型的 AP_{50}、AP_{75}、AP_S、AP_M、AP_L比原始的 YOLOv4 模型分别提高了 3.9、2.9、3.3、2.5、1.4 个百分点，与此同时，带来的时间开销可以忽略不计，因此本书设计的自适应特征融合模块对提高换向器的缺陷检测精度十分有效。

表 3.9　特征融合模块分离实验

	输入尺寸 /ppi	速度 /fps	时间 /ms	AP_{50} /(%)	AP_{75} /(%)	AP_S /(%)	AP_M /(%)	AP_L /(%)
YOLOv4	416×416	34.3	29.1	79.2	69.3	67.2	78.9	87.4
YOLOv4＋FF	416×416	34.0	29.4	77.0	66.9	64.1	76.3	86.0
YOLOv4＋AFF	416×416	33.8	29.5	83.1	72.2	70.5	81.4	88.8

另外，为了进一步分析特征融合模块的作用，本章对自适应特征融合模块训练过程中训练集和测试集的损失收敛进行了可视化。图 3.25 是特征自适应融合模块的损失收敛图。

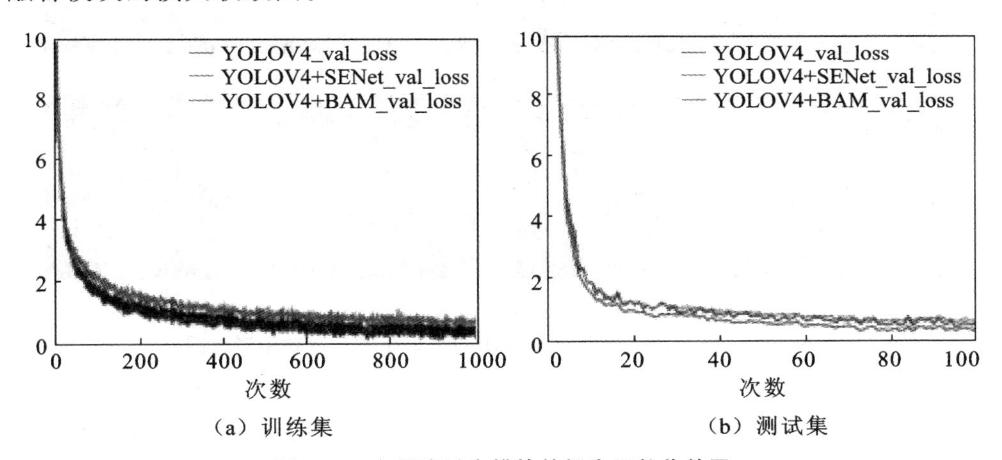

图 3.25　自适应融合模块的损失函数收敛图

从图 3.25 中可以看出，在 YOLOv4 模型中添加了自适应融合模块之后，收敛的过程更加平稳，这是因为检测的时候受到多个不同尺寸特征的作用，而原始的 YOLOv4 模型依赖单个特征尺寸对目标进行检测，更容易产生波动。另外，虽然固定比例的融合也很平稳，但是检测精度比原始的 YOLOv4 还低，而本书设计的自适应融合模块不仅使收敛的过程更加平稳，也提升了换向器缺陷检测的精度。

3.4.4　实验效果图

为了更好地对比 YOLOv4 模型和改进后的 YOLOv4 模型对换向器缺陷的检测效果，本章对两个模型的检测效果图进行了可视化，如图 3.26 所示。

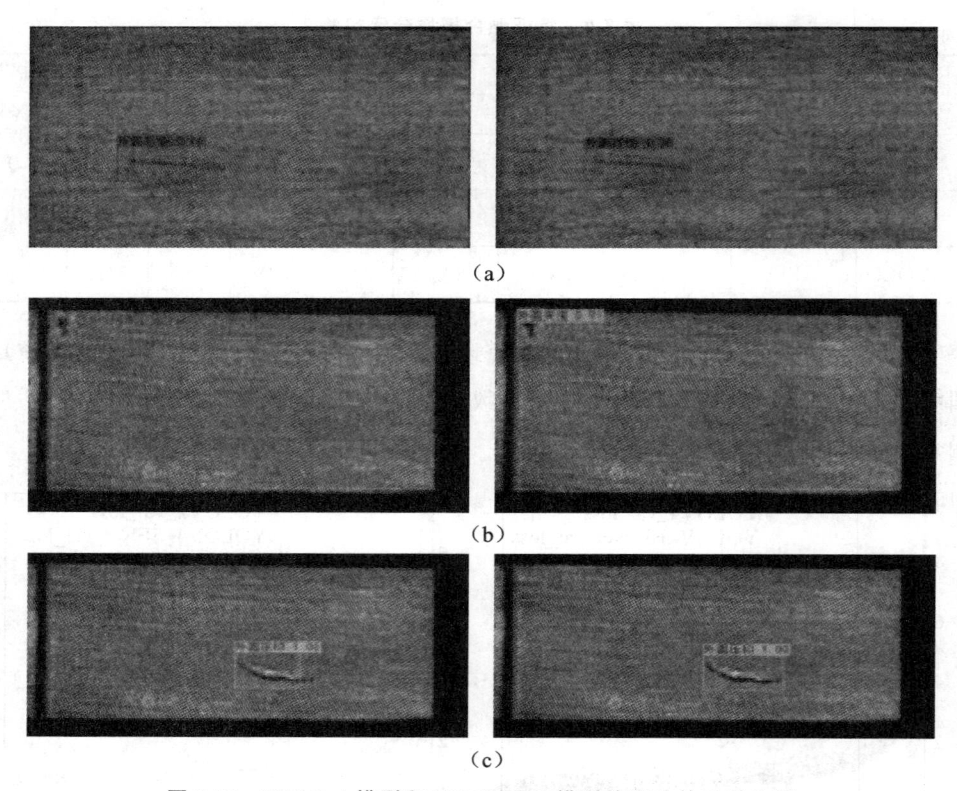

(a)

(b)

(c)

图 3.26　YOLOv4 模型和 FI-YOLOv4 模型的实验效果对比图

注:每组图片中的左图为 YOLOv4 模型的检测效果图,右图为 FI-YOLOv4 模型的检测效果图。

图 3.26 是 YOLOv4 模型和 FI-YOLOv4 模型的三组对比实验图,从 3.4.3 节的分析可以知道,改进后的 YOLOv4 模型的 AP_{50} 提高了 3.9 个百分点,本小节通过检测的效果图分析改进后的 YOLOv4 模型在哪些方面有提升。在第一组对比图片中,虽然两个模型都检测到了外圆打伤的缺陷,但是 FI-YOLOv4 模型的置信度更高,虽然更高的置信度并不会提升目标检测的精度,但是表明改进后的模型有更好的鲁棒性;在第二组对比图片中,YOLOv4 模型没有检测到缺陷,而 FI-YOLOv4 模型顺利地检测到了外圆夹渣的缺陷,说明 FI-YOLOv4 模型的缺陷检测能力更强,对换向器缺陷的检测有更高的召回率;在第三组对比实验中,虽然两个模型都检测到了外圆压印的缺陷,但是仔细对比可以发现,FI-YOLOv4 模型的检测框的定位更加精准,这虽然不会影响检测的精度,但是可以从侧面反映 FI-YOLOv4 模型对换向器缺陷特征的感知粒度更细,可以更好地区分背景特征和缺陷特征。

本小节对比分析了 YOLOv4 模型和 FI-YOLOv4 模型对换向器缺陷检测的效果图，从实际的检测效果说明 FI-YOLOv4 模型对检测性能有提升效果，通过分析对比发现，FI-YOLOv4 模型的鲁棒性更好，缺陷误检率更低，检测缺陷的能力更强，对目标的定位精度也更高。

3.5　本章小结

本章使用深度学习中目标检测的方法对换向器缺陷进行检测，使得在换向器生产的过程中，可以通过工业相机实时对换向器进行表面缺陷检测。为此，本章提出了一种基于目标检测模型 YOLOv4 的改进方案，并且在第 2 章生成的换向器缺陷数据集上对改进的模型进行评估。本章对 YOLOv4 的骨干网络、特征金字塔、任务头部和损失函数几个模块中存在的不足进行了详细的分析，并且针对每个模块的不足提出了相应的改进方案。针对 YOLOv4 的特征金字塔模块，本章设计了 B-SPP 模块，同时，使用最大池化和空洞卷积对特征进行提取，使得特征金字塔网络中所提取的特征差异性更大，自适应性更好。另外，针对特征金字塔模块中特征融合不充分、语义信息丢失等问题，本章设计了跨层特征金字塔网络，在金字塔网络中通过跨层连接，使网络特征得到更好的融合，增强特征金字塔网络的特征提取能力。针对 YOLOv4 中的任务头部只利用单尺寸的特征对目标进行检测，本章设计了自适应特征融合模块，充分利用三个不同尺度特征图中的特征信息进行自适应融合，提高了缺陷的检测精度。另外在 YOLOv4 中，使用 Focal Loss 作为缺陷分类的损失函数，在预测的时候使用置信度作为筛选检测框的指标，但是实际的评估指标是目标框和检测框之间的交并比，因为筛选指标和评估指标之间存在差异，所以选取的不一定是定位最准确的检测，因此本章设计了 Federal Focal Loss 函数，避免了筛选指标和评估指标之间存在的差异，使得筛选检测框时的性能更好。为了评估本章的改进方案，本章在换向器缺陷数据集上进行了详细的对比实验，根据实验结果看出，本章改进的 YOLOv4 模型对换向器缺陷检测的 AP_{50} 为 87.8%，比原始 YOLOv4 的 AP_{50} 提高了 8.6 个百分点，证明了本章改进方案的有效性。

4 基于 PSF-TM 模型的多类型表面缺陷检测方法

4.1 引　　言

本书的第 2 章和第 3 章,针对当前工业场景下表面缺陷检测遇到的难题给出了缺陷检测的完整解决方案,可以在实际的应用场景中对表面缺陷进行检测。但是不同场景对缺陷的检测要求和检测粒度不同,且同一产品种类繁多,如果针对特定的场景进行特定的方案设计和模型训练,必然会造成算法模型应用的泛化性差,部署成本增加,在实际应用中受到影响。本章通过迁移学习的方法,降低模型转变时的工作量,减少场景和模型转变时的额外成本,使得本书设计的表面缺陷检测方案可以方便地应用于各种场景,进而使得本书设计的表面缺陷检测方法可以更好地落地。本章介绍迁移学习的理论,并对域迁移方法进行了改进,提出了一种不同表面缺陷类型间的缺陷检测模型迁移的改进算法——progressive subnetwork fusion transfer model(PSF-TM),使得表面缺陷检测方法可以在各种场景下方便地迁移,提高了缺陷检测网络的泛化能力。

4.2 迁移学习理论分析

在大部分的深度学习任务中,训练模型有效的前提条件是保证训练数据集和测试数据集有着同样的特征分布。但是在一些情况下,我们希望在某一个特征分布下训练所得到的模型,可以为识别另一个特征分布提供知识经验,通常我们把这两个特征分别称为源领域和目标领域,迁移学习就是通过某种技术手段把源域模型的知识经验迁移到目标域模型中。在深度学习中针对不同特征分布需要训练不同的模型,因此,如何快速地训练一个模型是深度学习的一个研究热点，迁移学习是其中重要的研究热点之一。在迁移学习中除了领域(domain)的概念外，还有一个重要的概念是任务(task)。经典的迁移学习方法致力于寻找一个函数，把源领域和目标领域的数据通过函数映射到同一个希尔伯特空间(Hilbert space)中，用最大平均差异(maximum mean discrepancy，MMD)来评估源领域数据特征分布和目标领域数据特征分布的差异。使用栈式编码器分别对源领域和目标领域的数据提取相同维度的特征，使用 MMD 评估两个特征分布的差异并进行域适应，从而完成知识经验的迁移。但是这种方法的前提是源领域和目标领域的特征数据有相同维度，即保持同构的特征分布，对于异构的特征分布就不适用了。

在迁移学习中，通常情况下，源领域有更加充足的数据和更先进的知识经验，而目标领域数据相对较少并且知识经验也比较匮乏，希望通过源领域的知识经验来提升目标领域的知识经验，帮助目标领域的模型更好地完成任务。以图像领域为例，训练一个完善的模型通常需要大量的数据集，但是需要处理的任务中往往没有那么多的数据集，例如本书的换向器缺陷检测，就需要借助另一个样本丰富的数据集。在图像领域常用的 ImageNet 数据集有 1400 多万张有标注的图片，包括 2 万多个图像分类类别和 100 多万张目标检测图片。很明显，ImageNet 数据集中包含了大量的知识经验，如果把这种知识经验迁移到目标领域中，可以很好地弥补目标领域因为数据不足而产生的知识经验匮乏。当然如果目标领域与源领域的特征分布差异很大，源领域的知识经验对目标领域任务的帮助也不会很大，例如把 ImageNet 数据集中的知识经验迁移到本书的换向器缺陷检测任务中，对换向器缺陷检测精度的提高也是十分有限的，因此有效的迁移学习往往需要源领域和目标领域的特征分布之间有一定的关联性。一个简单的迁移学习过程如图 4.1 所示。

在图 4.1 中，浅色的数据表示源领域数据，深色的数据表示目标领域数据，源领域的特征分布和目标领域的特征分布存在着一定相似性，但是如果直接把源领域模型应用到目标模型上，目标领域数据集的分类效果就会比较差，如图 4.1(a)所示。如果对源领域和目标领域的特征分布作出相应的调整，就可以在目标领域的数据集上有较好的分类结果，如图 4.1(b)所示。

迁移学习可以依据目标领域特征维度和源领域特征维度是否相同，分为同构迁移学习和异构迁移学习。在同构迁移学习中，源领域和目标领域的特

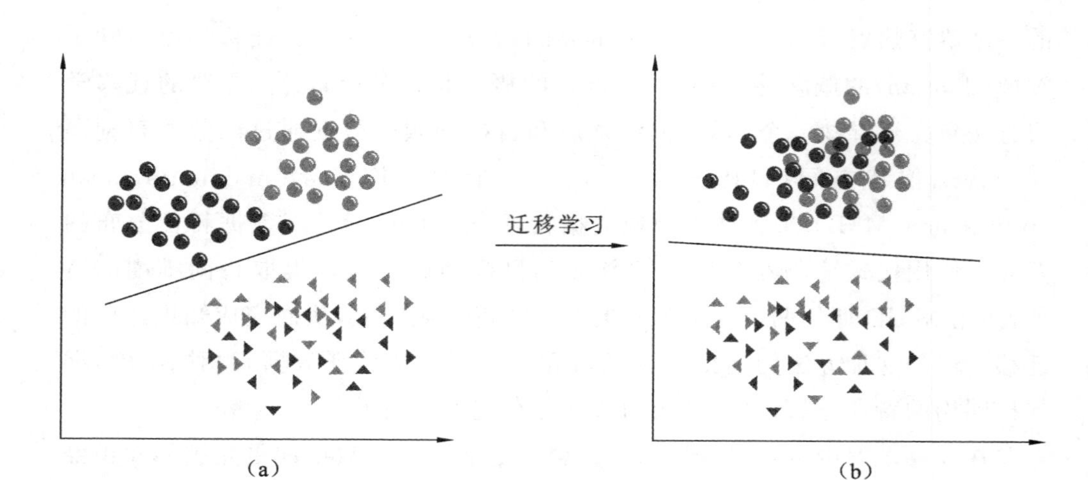

图 4.1　迁移学习示意图

征有相同的维度，而在异构迁移学习中，源领域和目标领域的特征有不同的维度。另外，在迁移过程中，由于迁移信息和内容不一样，其方法可以分为实例迁移、特征迁移、关系迁移和参数迁移。本章的实验就是基于参数迁移的方法，把源领域换向器缺陷检测模型的参数转移到目标领域换向器缺陷检测模型中，从而在目标领域快速训练出一个新的换向器缺陷检测模型，并且借助源领域的知识经验取得较高的检测精度。下面对四种不同的迁移方法进行简单的介绍。

1）实例迁移学习方法

实例迁移学习方法是指在源领域数据集中筛选出和目标领域数据相似的实例样本，作为扩充数据添加到目标领域的数据集中，解决目标领域数据不足的问题，通过扩充的数据集训练一个更高精度的模型。

2）特征迁移学习方法

相比实例迁移，特征迁移的层次更为抽象，需要在实例的基础上通过转换得到。在特征空间内，对源领域和目标领域寻找相似的特征，把源领域的特征直接给目标领域使用，提高目标领域的特征分布，进而提高目标领域模型能力。特征迁移学习又根据是否可以直接进行特征空间的转换，分为对称特征迁移学习、非对称特征迁移学习。对称特征迁移学习时，源领域特征可以通过特征变换直接映射到目标领域的特征空间，如图 4.2 所示。

在图 4.2 中，把源领域特征空间 X_s 转换到目标领域特征空间 X_t，直接通过特征映射就可以实现。而非对称特征迁移学习，无法直接把源领域特征空间 X_s 转换到目标领域特征空间 X_t，需要引入额外的公共特征空间 X_c，如图 4.3所示。

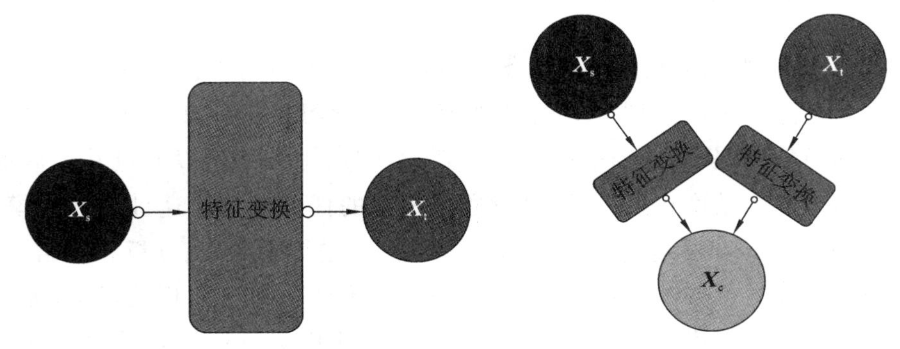

图 4.2　对称的特征迁移学习　　**图 4.3　非对称的特征迁移学习**

在图 4.3 中，除了源领域特征空间 X_s 和目标领域特征空间 X_t 之外，还引入了公共的特征空间 X_c，把源领域特征空间 X_s 和目标领域特征空间 X_t 都映射到公共的特征空间 X_c 中，进而实现把源领域的知识经验迁移到目标领域中。

3）关系迁移学习方法

关系迁移学习方法要求目标领域和源领域的数据集存在相关性，这样，可以把源领域的关系作为迁移对象，迁移到目标领域中。例如，汉语中分词和语义的关系与英语中分词和语义的关系存在一定的关联性，通过关系迁移学习，可以把汉语中分词和语义的关系的知识经验迁移到目标域中，让目标域模型更好地理解英语中分词和语义的关系。

4）参数迁移学习方法

参数迁移学习方法是深度学习中最常用的方法之一，把源领域模型的全部或部分参数通过映射赋值给目标领域的模型，使两模型存在共享的参数，从而把源领域的知识迁移到目标领域中。在进行参数迁移之后，目标领域模型可以根据需要，决定是否对迁移部分的参数进行训练。

4.3 基于迁移学习的 PSF-TM 模型设计

4.3.1 多类型表面缺陷迁移分析

针对多类型表面缺陷检测任务,迁移学习是当前的主流方法之一。迁移学习主要通过一个已经训练好的基础模型,把学习得到的知识快速地转移到一个新的模型中,从而使新的模型适应新的任务,一方面可以通过其他数据集提高当前任务的精度,另一方面可以通过相似的任务模型快速训练新的模型。2010 年,Pan S,Yang Q 等人对迁移学习的方法进行了调研、分析和总结,清晰地梳理了迁移学习方法的发展历程,详细介绍了迁移学习的相关理论,为迁移学习的理论进步做出了杰出贡献。最近几年,迁移学习在计算机视觉领域得到了广泛的应用,除了图像分类之外,目标检测也是迁移学习经常应用的领域之一。

迁移学习有很好的理论基础,并且在不同换向器表面缺陷检测任务中可以很好地发挥迁移学习的优势,这些为本书的换向器表面缺陷检测方案在实际应用中落地提供了保证。如图 4.4 所示,通过模型迁移的方式把特定类型(例如,换向器外圆夹渣缺陷)的换向器缺陷检测模型迁移到另一类型换向器表面缺陷(钩上黑皮)检测中。

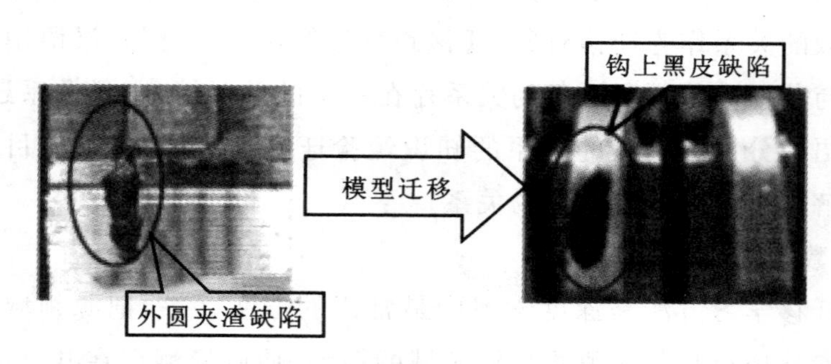

图 4.4 不同换向器缺陷间的检测模型的迁移

由于本书的迁移学习任务属于两个比较相近的领域,因此最直观也最有效的方法就是直接通过模型参数迁移来实现模型知识的快速迁移,再通过简单的训练快速形成一个新的模型,这也是目前迁移学习在深度学习上最广泛的应用之一。近些年,迁移学习成为深度学习中重要的研究热点之一,在目标检测领域也有许多新的算法被提出,这些算法的中心思想就是通过一些方法使迁移目标领域模型的初始参数直接引用源领域模型的部分参数,使用少量的数据集训练目标模型,以期望快速地训练出一个性能出色的目标领域模型,从而减少训练新模型的成本。

在进行目标检测时,由于根据数据集从零开始训练一个完善的模型是一件十分耗时且困难的事,因此,当前很多研究都是先使用大的数据集(例如,COCO 数据集或 ImageNet 数据集)训练一个深度网络模型,并用该模型的部分或者全部的参数去初始化目标检测模型的参数,使得目标检测模型在初始状态时就拥有迁移过来的先验知识。在大多数情况,只会迁移预训练模型的部分参数,迁移参数的多少通常会根据源任务和目标任务的相似程度来决定。当前的研究一般认为深度学习模型的前面几层主要提取任务过程的常用特征,而深度学习模型的后面几层主要提取特定任务的目标特征,因此,当特征分布相似时,可以迁移源领域模型的后面几层参数到目标领域模型,当源领域任务的特征分布和目标领域任务的特征分布差异比较大的时候,可以迁移源领域模型的前面几层参数到目标领域模型,当然也可以根据具体的任务进行灵活的调整。

本章主要研究 YOLOv4 网络迁移的问题,所讨论的模型迁移问题主要是针对换向器缺陷检测不同场景下的模型迁移,因此除了最后一层输出类别数是不同的,源领域模型和目标领域模型的结构基本一致,而对模型迁移主要是把源领域模型前 n 层的参数通过初始化赋值的方式直接拷贝给目标领域模型,使得目标领域模型可以在较少的训练样本和训练时间下,迅速达到收敛效果。由于目标检测模型的参数量很大,当训练样本不足时,很容易出现模型过拟合或者无法收敛的情况,而导致测试精度低下。为了解决这个问题,Srivastava 和 Hinton 等人提出用 Dropout 的方法防止模型的过拟合,在训练时冻结部分神经元,只激活部分神经元,而在测试的时候激活所有的神经元,这样可以起到模型集成的作用,从而防止模型因为数据不足而导致过拟合。经典的目标检测方法 RCNN 则使用深度网络微调的方法对模型进行训练,从而增加模型的鲁棒性。

为了使目标领域模型迁移训练的过程更为简单,本章不再使用通过生成对抗网络扩充数据集的方法,而是提出了渐进式的迁移方法,迁移源领域的模型参数到目标领域的模型中，并且参考了 Dropout 的思想，对模型中的连接单元进行随机冻结，从而达到多模型集成的效果。

4.3.2 模型渐进式迁移

在目标检测中，目前主流的模型迁移方法主要是初始化目标领域模型的时候直接复制源领域模型的部分参数，然后开始训练，这种初始模型迁移的方法相当于使目标领域模型有一个更好的初始参数，这样，对提高目标领域模型的检测率非常有利，但是对模型收敛速度的提高非常有限。而且当源领域和目标领域特征分布相近时，这种迁移方法并不能充分发挥源领域模型特征分布相近的优势，显然不是本章迁移任务的最优选择，因此本节提出了渐进式迁移的方法。

在深度学习中，通常可以把一个网络看成是一个映射函数，设网络的输入信息是 x，网络权重为 w，输出信息为 y，则一个卷积网络可以表示为式(4.1)。

$$y=g(x;w) \tag{4.1}$$

因此迁移前的模型可以表示为式(4.2)。

$$y_1=g_1(x_1;w_1) \tag{4.2}$$

迁移后的模型可以表示为式(4.3)。

$$y_2=g_2(x_2;w_2) \tag{4.3}$$

假设x_2和x_1之间可以通过映射f_1转换，则有式(4.4)。

$$x_2=f_1(x_1;w_{f1}) \tag{4.4}$$

同理，y_2和y_1之间可以通过映射f_2转换，则有式(4.5)。

$$y_2=f_2(y_1;w_{f2}) \tag{4.5}$$

把式(4.4)和式(4.5)代入式(4.3)，得到式(4.6)。

$$f_2(y_1;w_{f2})=g_2(f_1(x_1;w_{f1});w_2) \tag{4.6}$$

因此，式(4.2)和式(4.3)通过映射就可以完成模型的转换，得到式(4.7)。

$$y_1=f_2^{-1}(g_2(f_1(x_1;w_{f1});w_2);w_{f2}) \tag{4.7}$$

通过简化映射函数，可以得到式(4.2)。因此模型迁移可以通过相应的映射函数 F 完成，可以表示为式(4.8)。

$$g_2(x;w)=F(g_1(x;w);w_F) \tag{4.8}$$

通常来说，迁移结果的好坏取决于模型对映射函数 F 的拟合程度，F 是一个很复杂的映射函数，因此如果把映射函数 F 拆分成几个简单的映射函数，可以降低模型训练的难度，从而提升迁移的效果，得到式(4.9)。

$$g_2(x;w)=f_1(f_2\cdots(f_n((g_1(x;w);w_{fn})\cdots);w_{f2});w_{f1}) \tag{4.9}$$

$f_i(w_{fi}),i=1,2,\cdots,n$ 表示较为简单的映射函数，也可以看成是一次较为简单的模型迁移，因此一次复杂的模型迁移可以通过多次简单的模型迁移完成。

另外，在深度学习中，模型的训练可以看作是学习一个映射函数，映射函数的复杂度受两个因素影响，一个是参数的搜索空间，另一个是当前函数的拟合程度，因此模型训练的复杂度满足式(4.10)。

$$\text{complexity}(net_{\text{train}})\propto W_{\text{train}}\cdot \text{loss} \tag{4.10}$$

在训练过程中，可训练的参数W_{train}决定了参数的搜索空间，而损失 loss 表示当前模型的拟合程度，因此可以通过$W_{\text{train}}\cdot$ loss 来控制模型的迁移难度。当训练损失 loss 较大的时候，可以控制模型可训练的参数，当训练损失 loss 较小的时候，开始训练更多的参数。基于此，本章提出了模型渐进式迁移的方法，提高模型迁移过程中有效知识的转化效率。

本章方法与通常的方法不同，并不是直接对网络模型的参数进行训练优化，而是把目标领域模型的网络结构按照前后的连接顺序分为 8 个部分，首先把模型的前 7 个部分冻结，不参与模型的训练，权重参数也不进行更新，只对第 8 部分的模型参数进行更新。经过一定的训练次数或者达到一定的检测精度，开始对第 7 部分模型进行解冻，然后开始训练，此时开始更新后面 2 层的参数，以此类推，进入循环周期，依次解冻第 6 部分、第 5 部分、第 4 部分、第 3 部分、第 2 部分和第 1 部分。本书除了最开始训练的时候解冻一层参数外，分别在检测精度达到 20%、30%、40%、45%、50%、55%时解冻上一层参数，当检测精度达到 60%时，则解冻所有的参数。渐进式的过程如图 4.5 所示。

图中节点表示特征，箭头表示节点间的连接操作，实线连接表示该连接不仅可以向前传播，还可以梯度更新，虚线连接表示该连接只能向前传播，无法梯度更新。图 4.5 表示随着训练轮次增加，可以训练的参数慢慢变多。

本章提出的依次解冻目标领域模型参数的方法使得模型的迁移更加地平稳。模型刚开始训练一个新数据的时候，通常会因为特征分布突变，产生很大的损失，从而产生较大的梯度，此时更新模型参数的话，模型参数会产生剧烈的变化，这会导致从源模型迁移过来的模型参数分布特征基本被破坏，模型迁

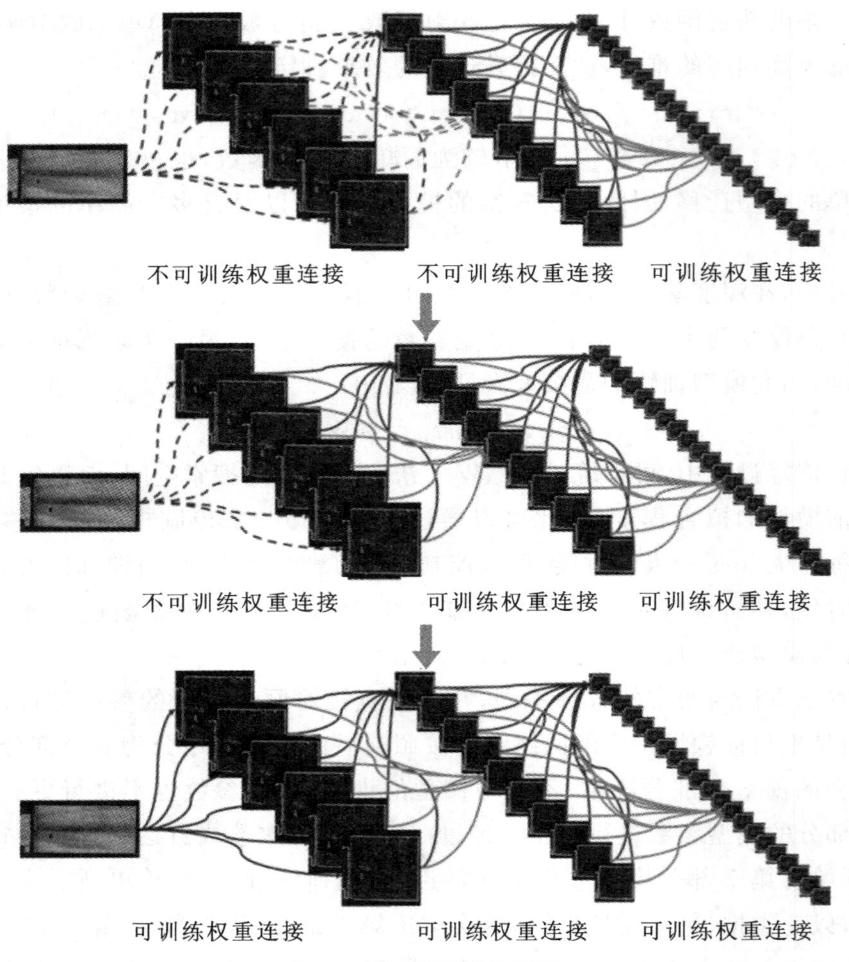

图 4.5 渐进式训练示意图

移的作用也就不大了，所以在训练初期，如果只训练最后一层或几层参数的话，就可以保持源模型参数的分布特征基本不变，另外可以通过训练少量的参数来学习新的特征分布，从而实现模型的迁移。这种多次递进的迁移方式可以保证源领域模型平稳过渡到目标领域模型，并且保留大部分参数的分布特征。

本章所述模型分为 8 个部分，使得模型在迁移的过程中参数更新粒度足够细，不会在训练的过程中产生模型权重参数分布的剧变，在某种程度上可以把该模型的迁移看作是一个平滑的过程，从而达到更好的迁移效果，实现对目标领域模型的微调。尤其当源领域和目标领域的特征分布相似时，这种迁移方式的优势更加明显，而这种稳定的迁移方法也可以使目标领域的模块快速地收敛，并且有更好的检测准确率。

4.3.3　子网络模型融合

Dropout在深度学习领域是一种非常著名的防止过拟合的方法，其中心思想是在训练的过程中对深度卷积网络前后两层卷积连接操作进行随机采样，冻结部分连接操作，激活其余连接操作，而在预测的过程中激活所有连接操作，这也是集成思想的一种。但是Dropout也有一定的不足之处，首先，Dropout在卷积网络中是作为单独一层网络存在的，所以仅对该层网络进行随机采样可能对整体网络结构的影响十分有限，其次，Dropout适用于两层网络的连接数量比较密集的情况，比如全连接，而在目标检测的网络中，一般全连接层比较少，主要都是卷积层，相对全连接来说，卷积层之间的连接更加稀疏，所以使用Dropout产生的效果也并不明显。

本章参考了Dropout思想，并进行了改进，对连接操作的采样不再局限于固定的一层，而对整个模型中的卷积连接操作都可以随机采样或者置零，从而实现对整个网络结构进行采样。在训练的时候，每一次只训练一个网络模型的子网络，这样就会使可训练的参数量大大减小，从而在训练数据较少的情况下，也不容易出现过拟合现象，这种训练方式也会增加模型的鲁棒性。另外，由于在测试的时候使用的是整个网络，相当于使用多个子网络共同预测结果，从而起到模型融合的效果，因此模型的检测精度更高。模型融合一直以来都是提高模型检测精度常用的方法，它使用不同的网络结构训练多个不同的网络模型，一般训练是分开的，但是所有的模型共同参与预测，用取平均值或者投票的方式来决定最终的结果。虽然这种方法对精度有较大的提升，但同时会带来时间成本问题，首先需要训练多个不同的模型，使得训练时间或者资源成倍地增加，预测的过程也是一样，需要多个模型做共同预测，所以检测的时间也是成倍增加的。在实验环境下为了追求更高的精度可以牺牲一定时间，但是在实际的应用过程中，时间成本的增加会导致无法实时地进行目标检测。

相比常规的模型融合，本章使用的子网络模型融合有许多优势。本章的子网络模型是通过采样操作获取的，不需要额外定义结构，而通常的模型融合为了达到模型之间无差异，需要定义多个不同的网络结构。另外，由于子网络的参数变少，可以很好地避免模型过拟合，很好地适应训练数据较少的情况，并且无论是训练过程还是测试过程，本章的模型都只需要训练一次或者测试一次，在应用过程中没有带来额外的时间成本，所以本章提出的子网络融合方法可以很好地在工业领域实际应用。

图 4.6 中左上、左中、左下表示三个不同的子网络，在训练的过程中整个模型只会保留部分连接，相当于只训练网络的一部分，但是在测试过程中保留所有网络的连接，相当于把三个子网络做了叠加，起到了集成的效果。由于网络会使用批量归一化，每个子网络的特征点期望都为零，因此把三个子网络进行集成相当于三个子网络共同预测的平均值。当然，在实际训练的过程中，采样是随机的，所以最终用于预测的网络是成千上万不同子网络集成在一起预测的结果。

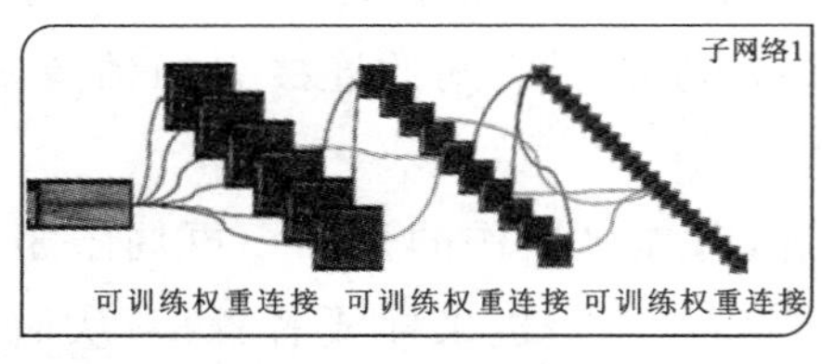

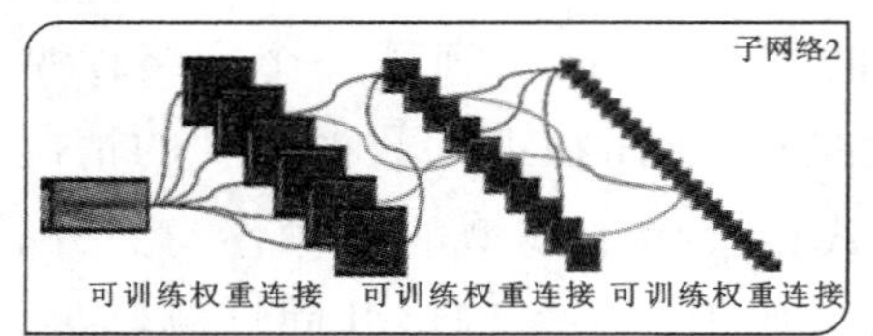

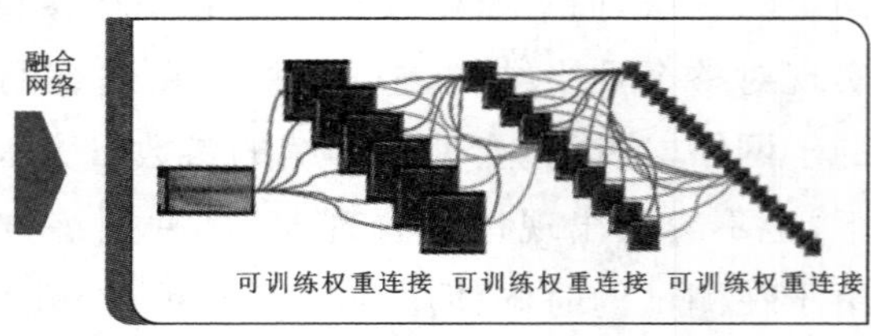

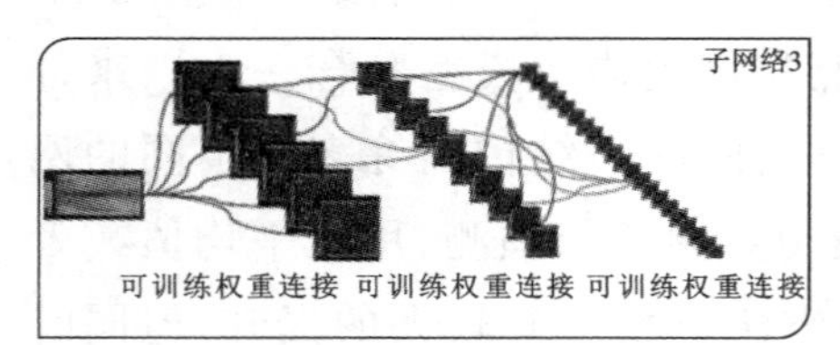

图 4.6　子网络融合示意图

值得注意的是，本来对网络模型进行子网络采样训练，会增加网络模型的训练时间，但是在本章中，因为是相近领域的模型迁移，所以模型收敛的速度会大大加快，数据量较小造成的模型过拟合反而成为更重要的问题，因此本章提出了子网络融合的方法，以解决本章模型迁移任务中的问题。

4.4　实验测试及结果分析

为了证明本章换向器缺陷检测模型的迁移方法的可行性，同时，对本章提出的改进方法的有效性进行验证，本章对两个不同换向器缺陷检测数据集做了模型迁移对比实验，并且与不同迁移方法做了详细的对比实验和消融实验。

4.4.1　实验数据集

本章使用第 2 章和第 3 章的换向器表面缺陷检测数据作为源数据集，把第 3 章训练好的原始 YOLOv4 和 FI-YOLOv4 作为源领域模型；另外收集了一个换向器沟槽缺陷的数据作为目标数据集，同时使用原始的 YOLOv4 和 FI-YOLOv4 作为源领域模型（除了最后一层的网络分类数不一样外，源领域模型和目标领域模型的网络结构都相同）。目标数据集一共包含 300 张图片，包括 10 个缺陷类别，没有用生成对抗网络进行数据扩充，但是进行了翻转、旋转、裁剪、放缩和添加噪声等简单的数据增强操作。

4.4.2　实验环境

本章实验是在 Intel(R)Xeon(R) E5-2630，20 核 40 线程的 CPU，128 GB 内存，16 GB 显存的 NVIDIA Tesla P100 显卡的环境下进行的。实验主要对两个不同的换向器缺陷数据集进行检测模型迁移，通过对源领域模型的迁移，在目标领域内快速训练出一个高准确率的模型。

为了使模型迁移更加平稳，本章在优化模型参数时采用了 Adam 梯度优化算法，同时，对初始的学习率使用 Warmup 预热方式，初始学习率为 1×10^{-5}，然后每步乘以 1.01 的增长系数，当学习率达到 1×10^{-3} 时预热结束，开始正常的学习率衰减，每个轮次训练结束对学习率进行一次衰减，衰减率为 0.95，直到达到最小学习率 1×10^{-5}。使用初始学习率预热主要是因为刚开始训练模型的时候，模型才开始学习新的特征分布，优化方向的不确定性大，权重参数会产生大幅度的更新，所以使用较小的学习率可以保障模型稳定地迁移。在训练一段时间之后，模型已经学习到新数据集的特征部分，此时较大的学习率可以加快模型的收敛。训练一共安排 200 个轮次，每次训练 8 张图片。

4.4.3 结果分析

为了验证本章所提方案的可行性，本章对模型迁移的方法进行了详细的实验对比。本章在新的换向器缺陷数据集上进行了实验，表 4.1 和表 4.2 分别是 YOLOv4 和 FI-YOLOv4 网络结构在新数据集上模型迁移的结果（黑色加粗的字体表示最佳性能）。

表 4.1 YOLOv4 网络结构使用不同方法的模型迁移对比

网络	收敛时间/h	源 AP_{50} /(%)	源 AP_{75} /(%)	目标 AP_{50} /(%)	目标 AP_{75} /(%)
YOLOv4＋不迁移	8.3	79.2	59.3	51.9	33.7
YOLOv4＋骨干网络迁移	7.2	79.2	59.3	58.2	37.6
YOLOv4＋整体网络迁移	6.7	79.2	59.3	59.3	39.4
YOLOv4＋骨干网络冻结迁移	5.8	79.2	59.3	63.7	44.8
YOLOv4＋整体网络冻结迁移	5.5	79.2	59.3	65.5	46.7
YOLOv4＋本章迁移方法	**4.3**	79.2	59.3	**78.4**	**58.2**

表 4.2 FI-YOLOv4 网络结构使用不同方法的模型迁移对比

网络	收敛时间/h	源 AP_{50} /(%)	源 AP_{75} /(%)	目标 AP_{50} /(%)	目标 AP_{75} /(%)
FI-YOLOv4＋不迁移	9.1	85.7	71.5	47.7	28.7
FI-YOLOv4＋骨干网络迁移	7.9	85.7	71.5	55.2	33.8
FI-YOLOv4＋整体网络迁移	7.6	85.7	71.5	56.8	36.7
FI-YOLOv4＋骨干网络冻结迁移	6.5	85.7	71.5	60.5	42.9
FI-YOLOv4＋整体网络冻结迁移	6.1	85.7	71.5	62.5	44.6
FI-YOLOv4＋本章迁移方法	**5.0**	85.7	71.5	**84.4**	**70.0**

表 4.1 和表 4.2 分别列出了 YOLOv4 和 FI-YOLOv4 网络结构在源领域数据集和目标领域数据集上的模型迁移结果，本章主要对不迁移、骨干网络迁移和整体网络迁移等迁移方法进行实验对比。

不迁移方法主要指对新的数据集从零开始重新训练，没有进行任务模型的迁移操作，就跟正常的网络训练一样。从表中的实验结果可以看出，当数据集不足时，无论是 YOLOv4 网络还是 FI-YOLOv4 网络，在新的数据集上都有明显的过拟合现象，在测试集上的检测准确率都非常低。对比表 4.1 和表 4.2 还可以发现，YOLOv4 的检测精度比 FI-YOLOv4 的检测精度还高一些，这主要是因为 FI-YOLOv4 的网络结构比 YOLOv4 的网络结构更复杂一些，参数量也更大一些，在训练数据样本充足的情况下，FI-YOLOv4 模型的检测精度会更高一些，但是当训练样本不足时，YOLOv4 的检测精度反而更高。在其他的对比模型中出现类似情况主要也是这个原因。

骨干网络迁移是指只把源领域检测模型的骨干网络的部分参数复制到目标领域检测模型的骨干网络上，而目标领域检测模型剩余部分的参数则使用正常网络初始化的方法进行初始化，这也是目标检测领域非常常见的一种模型迁移方法。通过表 4.1 和表 4.2 发现，对模型的骨干网络进行模型迁移后，与没有进行迁移的方法相比，目标检测的精度指标 AP_{50}、AP_{75} 都有了较大的提高，其中 YOLOv4 的 AP_{50}、AP_{75} 分别提高了 6.3、3.9 个百分点，FI-YOLOv4 的 AP_{50}、AP_{75} 分别提高了 7.5、5.1 个百分点。这主要是因为骨干网络通过模型迁移之后，初始的参数分布更加适应新数据集的样本特征分布，把源网络模型学习到的知识迁移过来了，因此过拟合的情况会得到部分缓解，检测的精度也会因此提高。从表中可以发现，不仅检测精度提高了，而且模型的收敛时间也减少了，这也是因为经过模型迁移之后，目标领域的检测模型可以更快、更好地找到模型的优化方向。

整体网络迁移是指对整个网络中结构相同的部分进行模型参数迁移，本章的源领域检测模型和目标领域检测模型除了最后一层外，其他层的网络结构都相同，所以除了最后一层外，其他网络层的参数都可以进行迁移。在通常的目标检测中，如果源领域的任务和目标领域的任务相差较大时，通常只会迁移骨干网络部分，考虑到本章的迁移任务中，源领域任务和目标领域任务的相似度很高，因此本章引入了整体网络迁移的对比实验。从表 4.1 和表 4.2 的实验对比数据发现，与只进行骨干网络迁移相比，整体网络迁移无论是检测精度还是检测速度都有较大的提升，YOLOv4 的 AP_{50}、AP_{75} 分别提高了 1.1 和 1.8 个百分点，FI-YOLOv4 的 AP_{50}、AP_{75} 分别提高了 1.6 和 2.9 个百分点。

通过对比实验发现，在本章相似迁移任务中，整体网络模型的迁移有更好的效果，这也从侧面印证了由于本章的迁移任务相似，只要迁移的方法适合，通过模型微调就可以很好地进行模型的迁移。由于本章的迁移方法对网络模型是逐步解冻、渐进式迁移的，因此在本章实验中，对骨干网络迁移和整体网络迁移引入模型冻结的对比实验。所谓的“模型冻结”就是在训练的前几个周期，把迁移过来的参数冻结住，待训练稳定之后再进行更新，重新迁移参数后再对迁移过来的参数进行冻结，待训练稳定后再对模型参数进行更新，如此循环冻结。模型冻结主要是考虑到一个模型在一个新的数据集上进行训练时，初始的优化方向非常不稳定，若模型参数更新幅度比较大，则源模型迁移过来的知识很容易被破坏掉，而起不到作用，因此在训练初期将模型冻结也是常用的方法之一。

通过实验对比发现，无论是骨干网络冻结迁移还是整体网络冻结迁移，在训练的初期，对迁移的模型参数进行冻结，对模型迁移有一定的提升效果，检测速度和检测精度都得到了提高。虽然两者在检测精度上较不冻结的迁移有一定程度的提高，但是与源模型的检测精度相比，目标模型的检测精度都大幅下降了，以整体网络冻结迁移的目标网络模型为例，目标领域 YOLOv4 模型的 AP_{50}、AP_{75} 分别比源领域 YOLOv4 模型降低了 13.7 和 12.6 个百分点，目标领域 FI-YOLOv4 模型的 AP_{50}、AP_{75} 分别比源领域 FI-YOLOv4 模型降低了 23.2 和 26.9 个百分点。实验数据表明，在训练样本较少的情况下，即使源领域与目标领域任务相近，用通常的模型参数迁移方法进行迁移时，无法胜任本章的模型迁移任务，这也是本章提出改进迁移方法的原因和价值所在。从表 4.1 和表 4.2 中可以看出，使用了本章改进的迁移学习方法后，目标领域 YOLOv4 模型的 AP_{50}、AP_{75} 只比源领域 YOLOv4 模型低了 0.8、1.1 个百分点，目标领域 FI-YOLOv4模型的 AP_{50}、AP_{75} 只比源领域 FI-YOLOv4 模型低了 1.3、1.5 个百分点，模型迁移之后，检测的精度大致持平，而且模型的收敛时间只需要 4.3 h和 5 h，大约是从头开始训练时间的一半，但是检测的精度远远高于其他迁移学习方法，证明了本章模型改进迁移方法的有效性。

本章改进的迁移学习方法可以有效地提高目标领域检测模型的检测精度，主要得益于本章提出的渐进式迁移和子网络融合的改进方法。在目标检测中想要用少量的数据训练一个完善的网络是十分困难的，即使使用了模型迁移，也会在一定程度上存在过拟合现象。本章提出的渐进式迁移方法可以在模型训练的过程中将源领域模型的知识平滑地迁移到目标领域模型当中，同时可以保证训练初期只训练少量的模型参数，随着训练的过程越来越平稳，模型优化的方向越来越确定，才会在训练更新的过程中加入更多的模型参数，因此，渐进式迁移方法既能避免一定程度的过拟合，又可以提高目标领域模型的检测精度。另外，为了更好地提高检测模型的鲁棒性，本章改进算法提出了子网络融合的方法，在训练的过程中，对模型网络结构中的连接进行采样，使得网络中只有一个部分的连接被激活，所以每次只训练整体网络的一个子网络结构；在测试的时候把所有的网络连接都激活，相当于多个网络进行集成预测，从而提高网络模型的检测精度，避免因训练数少而造成的过拟合。

通过表 4.1 和表 4.2 的实验对比可以发现，本章提出的改进模型迁移方法可以很好地满足不同换向器缺陷检测任务间的模型迁移，使得本书提出的换向器缺陷检测方案可以在多场景下快速迁移，非常方便地部署到不同场景、不同需求下的换向器缺陷检测项目中。

为了更好地分析改进的模型迁移算法，本节的实验还对本章改进点进行了消融实验，结果如表 4.3 和表 4.4 所示。

表 4.3 YOLOv4 网络结构改进点性能对比

网络	收敛时间/h	源 AP_{50}/(%)	源 AP_{75}/(%)	目标 AP_{50}/(%)	目标 AP_{75}/(%)
YOLOv4＋整体网络迁移	6.7	79.2	59.3	59.3	39.4
YOLOv4＋整体网络冻结迁移	5.5	79.2	59.3	65.5	46.7
YOLOv4＋渐进式迁移	4.0	79.2	59.3	71.2	53.2
YOLOv4＋不迁移	8.3	79.2	59.3	51.9	33.7
YOLOv4＋子网络融合	4.9	79.2	59.3	65.6	44.6
YOLOv4＋两种改进	4.3	79.2	59.3	78.5	58.2

表 4.4 FI-YOLOv4 网络结构改进点性能对比

网络	收敛时间/h	源 AP_{50} /(%)	源 AP_{75} /(%)	目标 AP_{50} /(%)	目标 AP_{75} /(%)
FI-YOLOv4+整体网络迁移	7.6	85.7	71.5	56.8	36.7
FI-YOLOv4+整体网络冻结迁移	6.1	85.7	71.5	62.5	44.6
FI-YOLOv4+渐进式迁移	4.7	85.7	71.5	75.1	58.7
FI-YOLOv4+不迁移	9.1	85.7	71.5	47.7	28.7
FI-YOLOv4+子网络融合	5.5	85.7	71.5	66.2	44.9
FI-YOLOv4+两种改进	5.0	85.7	71.5	84.4	70.0

本章的改进点包括渐进式和子网络融合，为了更好地分析每个改进点的性能，本章对两个改进点进行了分离实验，分别对渐进式和子网络融合进行评估。从表 4.3 和表 4.4 可以看出，相比整体网络迁移和整体网络冻结迁移，本章提出的渐进式迁移方法有更好的迁移效果，在目标领域 YOLOv4 网络结构中，使用渐进式迁移方法后，AP_{50} 和 AP_{75} 比整体网络迁移和整体网络冻结迁移分别高了 11.9、13.8 个百分点和 5.7、6.5 个百分点；在目标领域 FI-YOLOv4 网络结构中，使用渐进式迁移方法后，AP_{50} 和 AP_{75} 比整体网络迁移和整体网络冻结迁移分别高了 18.3、22.0 个百分点和 12.6、14.1 个百分点，并且值得注意的是，在使用渐进式迁移方法之后，FI-YOLOv4 算法的 AP_{50} 和 AP_{75} 超过了 YOLOv4，分别提高了 3.9 和 5.5 个百分点。这也证明了只要迁移的方法合适，FI-YOLOv4 在新的换向器缺陷数据集上的检测性能依旧优于 YOLOv4，而且使用渐进式迁移方法收敛的时间也比其他两种迁移方法的更短。

另外，相比于不迁移，仅对模型做子网络融合也可以提升模型检测精度，FI-YOLOv4 网络结构的 AP_{50} 和 AP_{75} 分别提高了 18.5 和 16.2 个百分点。如此大的检测精度提升并不是因为目标检测能力的突飞猛进，而是因为增加了子网络融合之后，模型优化的方向更加稳定，而没有子网络融合的模型，优化的方向不确定性大，容易朝某个局部最优的方向进行优化，并且陷入过拟合。因此，子网络融合模块对保持模型稳定性、防止模型过拟合有很好的作用。

4.5 本章小结

本章的研究目的是把训练好的模型更好地迁移到多场景、多类型表面缺陷的检测中，从而实现适用于各种需求、各种类型表面缺陷的快速检测。本章提出用模型迁移的方法，借助训练好的表面缺陷检测模型快速训练新的表面缺陷检测模型，但是通常的模型参数迁移方法对模型检测精度和训练速度的提升不大，因此本章提出了一种改进的模型参数迁移方法，在模型参数迁移的过程中使用渐进式和子网络融合的方法。渐进式方法是指在模型参数迁移的时候，不直接开始训练，先冻结迁移过去的模型参数，然后分多次解冻模型的参数，使模型参数迁移的过程保持一个平稳状态的方法。子网络融合方法在训练的时候，不训练整个网络的所有连接，先对网络连接进行采样，每次训练整体网络的一个子网络，从而减少训练的参数，防止模型过拟合；在测试阶段，使用整个网络进行推断预测，此时的整个网络可以看成多个子网络的集成，从而提升目标检测的精度。使用本章改进的模型参数迁移方法(PSF-TM)，在对 FI-YOLOv4 模型进行迁移的过程中，只需要训练几个小时就可以完成模型快速迁移，检测精度几乎与迁移前的模型持平，比常规的整体网络模型迁移和整体网络冻结模型迁移，检测精度 AP_{50} 分别提高了 27.6 和 21.9 个百分点。实验结果表明，本章设计的模型迁移方法可以对表面缺陷检测模型进行快速迁移，从而可以快速生成多类型表面缺陷的检测模型。

5　多类型表面缺陷检测系统设计与应用

5.1　引　　言

为了使本书所提的缺陷检测方案更好地应用，也方便更多的生产企业了解、熟悉本书所提出的缺陷检测方案，首先，本章针对电动机换向器表面缺陷检测，设计了一个多类型换向器缺陷检测的 Web 在线系统，通过集成本书设计的技术方案，以 Web 可视化呈现的方式展示本书所设计的换向器缺陷检测方案，并且可以在换向器生产过程中进行实时检测，同时可以根据场景的需要，迁移训练新的模型，以满足企业多样化的需求。5.2 节主要阐述了多类型换向器缺陷检测系统的整体架构以及设计理念，增加企业用户对本系统的了解。5.3 节主要展示面向多类型换向器缺陷检测系统的 Web 软件成品。最后，5.4 节对前文所提的模型、方法进行了实例验证。

换向器作为电动机的核心部件，一直以来在工业领域都扮演着十分重要的角色，并且随着工业的不断发展，换向器的需求量越来越大。但是，电动机换向器表面缺陷检测是一大难题，主要困难有以下几点。

(1) 种类多，样本少。主流换向器缺陷有毛刺、压印、裂纹、夹渣、掉漆、黑皮、分层和油污几大类别，而每一个大类别又根据缺陷的大小、位置衍生出多个小类别，导致细类目的换向器缺陷多达几十种甚至上百种。这给人工检测和自动设备检测都带来了很大的难度。同时，收集大量各种类别换向器缺陷的工作量大、执行难度高，使得对换向器缺陷的检测能力提高慢，检测精度提高难，无论是人工检测还是自动设备检测都很难同时保证提高检测质量和降低检测成本。

(2) 检测困难，成本高。在经典的机器视觉检测方法中，必须人工制作特征以适合特定要求。使用人工制作的基于规则的方法或基于学习的分类器进行决策，各种滤波器组、小波变换、形态学运算等技术被用来人工制作合适的特征，由于这种检测分类器的功能不如深度学习方法强大，因此人工制作的特征起着非常重要的作用。但这些特征无法适应不同的任务，导致机器视觉检测方法必须人工适应不同的产品要求，开发周期很长，成本也比较高。

本章内容基于换向器产业领域的痛点、难点，把新兴的技术引入换向器表面缺陷检测中来，通过设计一整套完整的技术方法，很好地把实验环境下的研究成果应用到换向器生产中，为换向器表面缺陷的检测提供新的思路和方案，降低换向器表面缺陷检测成本，提高检测的效率。

5.2 多类型表面缺陷检测系统设计

为了更加高效地生成高精度换向器缺陷检测模型，将模型方便地应用于实际换向器缺陷检测作业，本章结合数据集生成模块（缺陷图像生成）、目标检测模块（缺陷目标检测）和迁移学习模块（缺陷检测模型迁移）等内容设计了一个完整的面向多类型换向器缺陷检测的 Web 系统。本节主要对所设计的面向多类型换向器缺陷检测系统各模块进行详细的分析，并且详细地介绍系统的实现细节。

1）系统整体架构

本章通过换向器缺陷图像生成、换向器缺陷检测和换向器缺陷检测模型迁移算法协同合作，生成检测精度更高的换向器缺陷检测模型，最终把高精度的换向器缺陷检测模型应用于实际的换向器生产作业中。本章设计的面向多类型换向器缺陷检测系统能够方便企业用户使用，适应实际场景下换向器缺陷检测的需求。该系统除了具有换向器缺陷检测的功能外，还提供了管理、分析和可视化等模块，具体分为控制管理模块、训练模块、可视化模块、数据分析模块和实时检测模块。

本章设计的 Web 系统主要分为三个部分，分别是数据搜集、后台算法和前台页面。数据搜集主要指获取需要检测的换向器图片，在实际的换向器缺陷检测作业中，数据一般都是通过摄像头对流水线进行实时采集获取的；后台算法主要包括本书第 2 章、第 3 章和第 4 章所设计的相关算法；前台页面指通过开发 Web 页面，对后台的算法进行封装，给企业用户提供交互界面，并实现简单的控制逻辑，形成一个完整的换向器缺陷检测系统，使本章所设计的换向器缺陷检测算法可以在实际生产过程中应用。本章所设计的系统主要包括前台展示、后台管理和后台算法部分。前台展示主要通过 Web 页面把数据、图片等可视化，后台管理提供一些简单的设置、查询等管理操作，而后台算法是系统最核心的内容，包含本书第 2 章（缺陷图像生成）、第 3 章（缺陷目标检测）和第 4 章（缺陷检测模型迁移）所设计的算法。系统把三个算法进行封装，以 API 的形式供外部调用，从系统角度来看，等价于把三个算法封装成库，其他程序可以通过相应 API 调用。系统的整体架构图如图 5.1 所示。

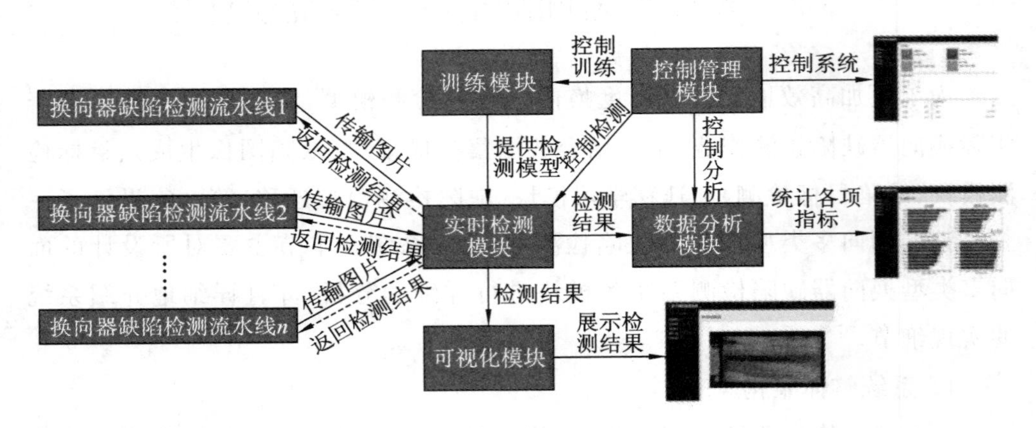

图 5.1　系统整体架构图

在图 5.1 所示的架构图中，实时检测模块是系统的核心处理模块，需要接收外部的换向器缺陷检测请求、完成换向器缺陷检测过程和分发检测结果。实时检测模块的底层实现包括换向器缺陷检测算法（完成换向器缺陷检测）和系统逻辑控制（处理换向器缺陷检测请求和检测结果分发）。换向器缺陷检测流水线可以通过有线网络或无线网络把需要检测的换向器图片传输到实时检测模块，实时检测模块接收到换向器图片之后进行缺陷检测，并将检测结果通过网络实时返回给检测流水线，同时把检测结果发送给数据分析模块和可视化模块。换向器缺陷检测流水线可以根据接收到的检测结果进行相应的处理（由外部的控制程序完成，比如发出警报），整个过程时延很短。由于本书的检测算法每秒钟可以检测二十几帧（跟硬件设备的性能有关，这里以 NVIDIA Pascal P100 显卡为例），可以同时处理多路换向器缺陷检测流水线，因此 Web

系统就可以对整个换向器生产过程进行实时缺陷检测。另一个重要的模块是训练模块,训练模块的底层包含换向器缺陷图像生成模型训练、换向器缺陷检测模型训练、换向器缺陷检测模型迁移三个核心算法,主要是为了更加高效地生成换向器缺陷检测模型。为实时检测模块提供精度更高的换向器缺陷检测模型,是换向器缺陷检测质量的重要支撑。

另外,为了更方便地管理系统、分析数据和展示检测结果,本章的 Web 系统还设计了控制管理模块、数据分析模块和可视化模块,这三个模块是对换向器缺陷检测功能的延伸。控制管理模块主要是为了方便企业对系统和使用者进行管理,使 Web 系统使用起来更加高效和安全;数据分析模块主要是为了对检测模型进行分析,方便企业用户更好地了解换向器缺陷的检测情况和检测算法的性能;可视化模块是为了把检测的结果以视觉画面的方式呈现出来,使企业用户通过屏幕实时查看换向器缺陷检测的效果。

2）控制管理模块

控制管理模块是程序系统必备的模块,本章设计的换向器缺陷检测系统同样设置了控制管理模块。因为本章设计的是面向多类型换向器缺陷的检测系统,需要完成换向器缺陷图片生成、缺陷检测和模型迁移等任务,需要训练多个模型,因此在控制管理模块中提供了换向器模型管理功能,使得用户可以根据自己的需要选择合适的模型。本章的缺陷检测系统可供多用户使用,显然针对不同的用户应该赋予不同的使用权限,所以需要对用户进行管理,以便系统使用起来更加安全方便。考虑到训练模型是一个相对费时的过程,如果没有相应管理机制的话,每次都要对模型的运行状况逐个确认就比较麻烦,因此本章所设计系统的控制管理模块设计了实时显示训练状态的功能,并且可以对当前正在训练的模型、训练出错的模型和已经训练完成的模型进行实时显示,大大简化用户对训练过程的管理,提高系统的使用效率。控制管理模块除了对系统进行检测外,还对部署运行的设备进行监控,让用户知道当前设备的运行状态和资源使用率,方便用户掌控当前硬件设备的状态,尽可能地保证系统和硬件设备的安全运行。因此,本章所设计系统的控制管理模块,可使换向器缺陷检测系统在高效率运行的同时保证系统和硬件的安全性,给企业和使用者带来尽可能大的效益。

3）训练模块

本章涉及的数据生成算法、目标检测算法和迁移学习算法需要通过深度学习的方法进行训练，因此训练模块是整个系统中最重要的模块，也是整个系统中的训练难点。本章的训练过程包括生成对抗训练、目标检测训练和模型迁移训练三个区别较大的领域。训练的环境配置和参数配置在不同的场景中或者在不同任务中往往区别较大，如果需要通过修改文件或者修改代码的方式来修改程序，则使用体验很差，甚至会因为用户的失误操作而导致程序出错。为了让用户更加方便地使用本章的换向器缺陷检测系统，本章通过 Web 页面可视化的方式，为训练模型提供了操作简便的界面，使用户通过 Web 页面上的可视化操作，对训练程序的环境和模型参数进行配置，大大降低了用户的使用难度，同时保护了程序的功能代码不会因用户失误操作而被修改。

另外，为了进一步降低用户训练模型的难度，本章把三个核心的训练任务统一封装到一个训练模块下面，把生成对抗训练、目标检测训练和模型迁移训练作为三个不同的训练任务，进行统一封装管理，使得用户不再需要因做不同的训练任务而配置不同的程序和环境，从而达到简化模型训练流程的目的。如果训练模型所需的资源充足，用户可以同时发布多个训练任务，并且可以进行集中化的管理，大大提高了多任务、多需求下的换向器缺陷检测模型训练的效率。同时，训练模型保存了每一次训练日志和评估指标，可以使用户方便地寻求最适合当前场景的模型，并且可以通过不同训练方案之间的对比，找到效率更高、性能更优的训练方案，减少模型训练的时间成本和资源成本。因此，本章设计的训练模块，在多类型、多场景下换向器缺陷检测模型的训练过程中，有很好的优化功能，大大降低了换向器缺陷检测系统的使用门槛。

4）可视化模块

可视化模块是换向器缺陷检测系统的重要组成部分，主要包括训练过程的可视化和测试过程的可视化。在模型训练的过程中，如果单纯地从训练日志分析模型的训练状况，很难了解到模型训练的实际情况，并且从数据上进行分析会带来额外的工作量，而且数据分析对用户的专业性要求很高。如果在训练的过程中实时显示模型的各项指标，比如损失函数、检测精度、学习率等，就可以方便用户实时地了解当前模型的训练情况，可以实时判断是否需要对模型进行调整。在训练过程中,把当前模型的即时指标通过图表的形式展示在 Web 页面,通过 Web 页面实时更新的技术,使图表以动态图的方式进行显示,方便用户观察模型的收敛情况和实时精度,这对本章的训练任务非常重要。本章中生成对抗训练、目标检测训练和模型迁移训练都是相对比较复杂的训练任务,例如在生成对抗训练的过程中,在不同场景、不同数据集下,模型训练的情况可能有较大差异,很可能出现训练失衡、模型坍塌等意外情况,如果不能及时地发现模型训练过程中的问题,会导致资源浪费和成本增加。

可视化模块除了可以对训练指标进行可视化外,还可以在训练过程中对图片生成和检测效果进行可视化,从而可以知道当前模型的具体效果和存在的问题,发现更多从数据层面无法发现的问题。以生成对抗训练为例,虽然模型生成的图片跟真实图片很接近,但是所有生成的图片都是一样的,这样的问题很难从训练的指标上进行分析,但是从效果图中就可以很容易发现,避免了训练指标和实际效果之间存在的差异。另外,在测试过程中,用户更关心的是模型在实际使用过程中的真实效果,通常对测试指标概念相对模糊,非专业人士甚至对图像生成和检测过程中的指标都不了解,因此以可视化的方式展示图像生成和检测的效果是最直观的,同时也方便用户选取所需的模型。本章设计的可视化模块以可视化方式帮助用户理解模型训练和测试的过程,也方便用户使用本换向器缺陷检测系统。

5)数据分析模块

本章在换向器缺陷检测系统中设计了数据分析模块,主要是为了方便用户对关心的指标和数据进行简单分析,了解模型训练和测试过程中的各项功能指标之间的联系。在可视化模块中,系统的设计指标在训练和测试过程中会实时性展示,而在数据分析模块中,更多的是进行交互性分析,通过简单的页面操作,让用户方便地获取自己感兴趣的指标。在换向器缺陷检测过程中,不同的应用场景,关注模型中不同的指标,例如在高精密、高安全性领域的电动机中,因为对换向器质量有严格的要求,所以更关注模型的召回率,而在普通的工业领域,更关注换向器缺陷检测模型的平均精度。另外,深度学习本身就是一个黑盒子,用户往往无法解释具体的原理,所以用户对模型的理解程度也是非常浅显的,本章也希望通过数据分析这个交互模块,使用户对模型有更深的理解，快速了解模型各方面细节，以便用户根据自己的需要进行自适应的模型训练和选取。在实际的运用过程中，分析一个系统短时间的运行状况和检测效果，通过实时显示可能更直观，而要了解一个系统长时间的运行状况和检测效果则需要借助数据分析。通过数据分析，用户可以知道换向器缺陷系统的实际性能；通过这些反馈，用户可以知道系统是否需要维护，模型是否需要更新，性能是否满足要求等。因此，数据分析模块可以更好地帮助用户了解本换向器缺陷检测系统，提升系统实用性，给用户更好的使用体验。

6）实时检测模块

本换向器缺陷检测系统最终希望在换向器产业中落地部署，实时检测模块因此也是换向器缺陷检测系统的一个重要部分。通过应用换向器缺陷数据集，本章对换向器缺陷检测场景进行模拟，实时地检测换向器图片，记录检测到的数据，并在 Web 页面上进行实时展示。在实际的换向器缺陷检测场景中，对换向器进行缺陷检测之后，除了返回检测结果外，还需要对缺陷检测数据进行实时展示，对检测到的缺陷图片进行记录保留，对检测到的缺陷位置和缺陷类型进行可视化显示，并且把检测结果返回给指定的后台，以便系统进行相应的反馈和调整。实时检测模块除了要评估换向器缺陷检测的效果外，也要评估换向器缺陷检测模型的时间性能。在实际作业的过程中，需要检测的换向器图片通常会通过网络传输到模型的数据读取接口，由模型进行检测之后再将检测的结果返回。因为实际作业环境和实验室环境有较大的不同，所以本章设计了实时检测模块，就是为了更好地模拟实际作业环境，方便日后本换向器缺陷检测系统在实际的换向器产业中落地部署。

另外，对检测结果进行实时的展示，也是对换向器缺陷检测模型最好的评估。在实际的作业过程中，检测的换向器图片不再有具体的标注，模型也无法计算具体的检测指标，用户很难判断模型在检测过程中的具体性能如何，所以，对换向器缺陷检测过程进行实时的显示，是换向器缺陷检测系统给使用者最好的反馈。实时检测模块作为换向器缺陷检测的核心功能模块，是外界评价换向器缺陷检测系统的重要指标，是设计者和使用者对换向器缺陷检测系统是否能够满足当前作业要求的判断依据，也是本换向器缺陷检测系统设计成果的最好展示。

5.3　多类型表面缺陷检测系统开发

本章的面向多类型换向器缺陷检测在线系统是用 Python 语言实现的，使用 Flask 作为前端框架，使用深度学习框架 Pytorch 对后台模型进行实现，使用 Echarts 库进行 Web 页面可视化。本章设计的面向多类型换向器缺陷检测 Web 在线系统集成了生成图片、缺陷检测、模型迁移的功能，用户只需要通过简单的界面操作就可以让系统执行相应的任务了。

1）控制管理页面

控制管理页面主要负责对系统整体运行情况进行管理，方便用户对训练过程、训练好的模型以及系统用户进行简单的管理。图 5.2 是系统的控制管理页面。

图 5.2　控制管理页面

如图 5.2 所示，控制管理模块提供了训练实况、训练历史、模型管理和用户管理四个功能。训练实况供用户对正在训练的程序进行查看，方便用户实时地查看训练的进度，了解不同训练任务的进展；训练历史记录了系统中的训练记录，方便用户查看其中的训练历史；模型管理主要方便用户对已经训练好的模型进行简单的管理，包括查看模型的各项指标、使用当前模型进行预测和删除模型等操作，用户可以使用本系统训练多个模型，然后通过模型管理在不同的场景下使用不同的模型；用户管理主要是对使用者进行规范化管理，并且对不同的用户赋予不同的权限，例如有的用户只能进行模型训练，无法对模型进行切换或者删除等操作，使整个换向器缺陷检测系统使用起来更加安全。另外，为了方便用户了解整体系统的运行状况，在控制管理页面，还显示了训练程序的状态、设备状态和资源使用率等，用户可以了解训练程序的状态，知道哪些模型出错了，哪些模型已经训练完了，提高模型训练管理的效率。用户还可以根据设备状态选择合适的设备（显卡）进行训练，并实时显示 CPU、内存和显存的使用率，知道系统设备的负载情况，以免出现因设备负载过高而造成系统崩溃的情况，提高系统使用的安全性。

2）训练模型页面

换向器缺陷检测系统的训练模型页面给用户提供了方便的模型训练接口，本换向器缺陷检测系统除了可以使用已经训练好的模型外，用户还可以根据实际换向器缺陷检测的需要自定义训练模型，包括本书设计改进的 WGAN、FI-YOLOv4、迁移学习模型，并且用户可以根据特定的任务和资源配置对训练过程进行简单的配置。图 5.3 是换向器缺陷模型训练配置界面。

如图 5.3 所示，用户可以在算法模型的下拉框中选择需要的训练算法，包括 WGAN、FI-YOLOv4、模型迁移算法（改进后的算法），根据选中的选项就可以执行相应的任务，并且还可以配置一些简单的超参数，例如训练批量个数、训练轮数和激活函数等，大大简化了模型训练的过程。用户通过一些简单的页面操作就可实现换向器缺陷图片生成、换向器缺陷检测和换向器检测模型转移等任务，并且用户还可以根据自己的需求选择相应的配置，做一些简单的自定义。这是本书设计面向多类型换向器缺陷检测在线系统的目的之一，希望在用户和专业算法之间建立一座桥梁。用户通过简单的界面操作就可以实现整个换向器缺陷检测方案，大大地降低了使用者的专业门槛，使本书所设计的换向器缺陷检测方案可以更广泛地被应用，这也是本书设计面向多类型换向器缺陷检测 Web 在线系统的初衷。

图 5.3　换向器缺陷模型训练配置界面

3）实时展示页面

在训练模型页面中，用户除了通过配置页面进行不同的任务训练外，当训练过程开始之后，用户还可以通过实时展示页面实时观察训练过程的损失值变化。图 5.4是模型训练过程中损失函数的实时显示图。

如图 5.4 所示，当模型开始训练之后，系统以页面动态图表的方式对损失函数进行实时显示，把训练过程可视化。通过实时展示页面用户可以实时地知道模型的训练情况，了解模型损失函数的变化趋势，判断模型是否已经达到收敛，或者是否出现意外状况。虽然改进后的 WGAN 的稳定性相当好，但是训练过程也可能因为在不同换向器缺陷产品类型的数据集上进行训练而产生不同的收敛情况，因此把训练过程的损失函数可视化，可以更好地控制整个训练过程。

4）数据分析页面

用户在训练完模型之后，可以通过数据分析页面更加全面地分析模型的

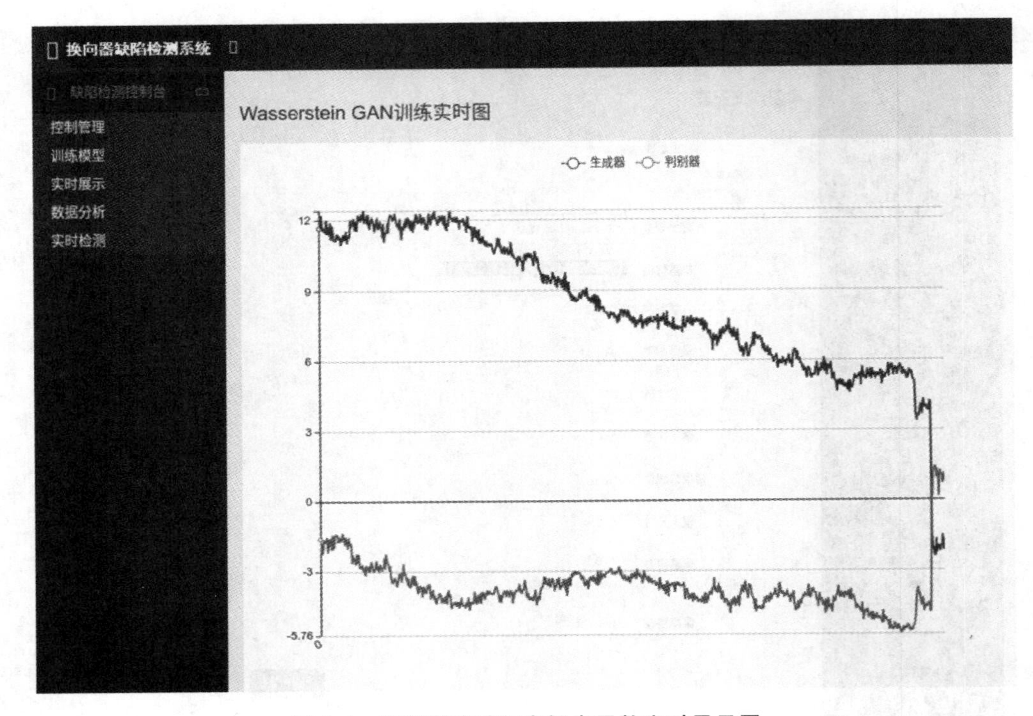

图 5.4　模型训练过程中损失函数实时显示图

性能。在数据分析页面,本系统提供了综合指标分析功能,图 5.5 是模型综合指标分析页面图。

图 5.5 所示页面输出了数据的分布和模型指标,包括每类换向器缺陷的数据分布、正阳率和假阳率的分布、平均误检率的对数分布和每类缺陷的平均精度分布。通过该页面用户可以更加全面地了解检测模型的性能以及验证数据样本的分布。同时通过分别输出的每类缺陷指标,用户可以了解模型对不同缺陷类别的检测差异,更加清楚地知道模型需要优化的方向,而且通过详细的指标分析,用户可以选择更适合使用场景的模型。另外,为了更加全面地分析模型的性能,本系统还对精准率、召回率、二分类模型精确度(F1)、AP 四项指标做了详细的分析图,用户可以根据自己关心的指标进行选择性的分析。图 5.6 显示了不同换向器缺陷类型和置信度阈值指标的召回率变化图,同时还输出了当置信度阈值取 0.5 的时候,各类缺陷对应的召回率。

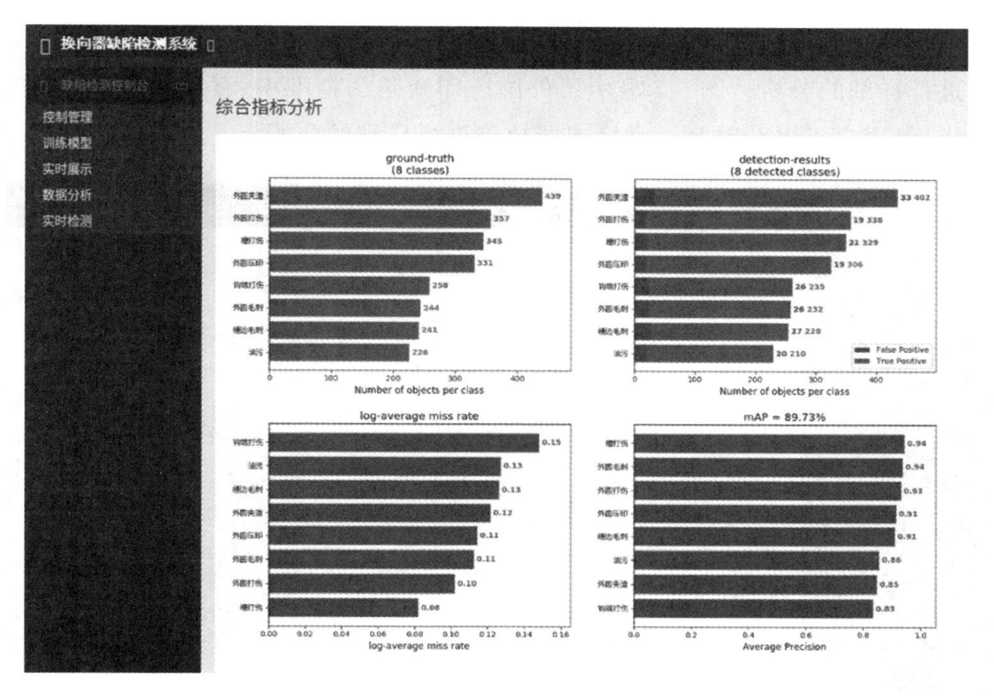

图 5.5　模型综合指标分析页面图

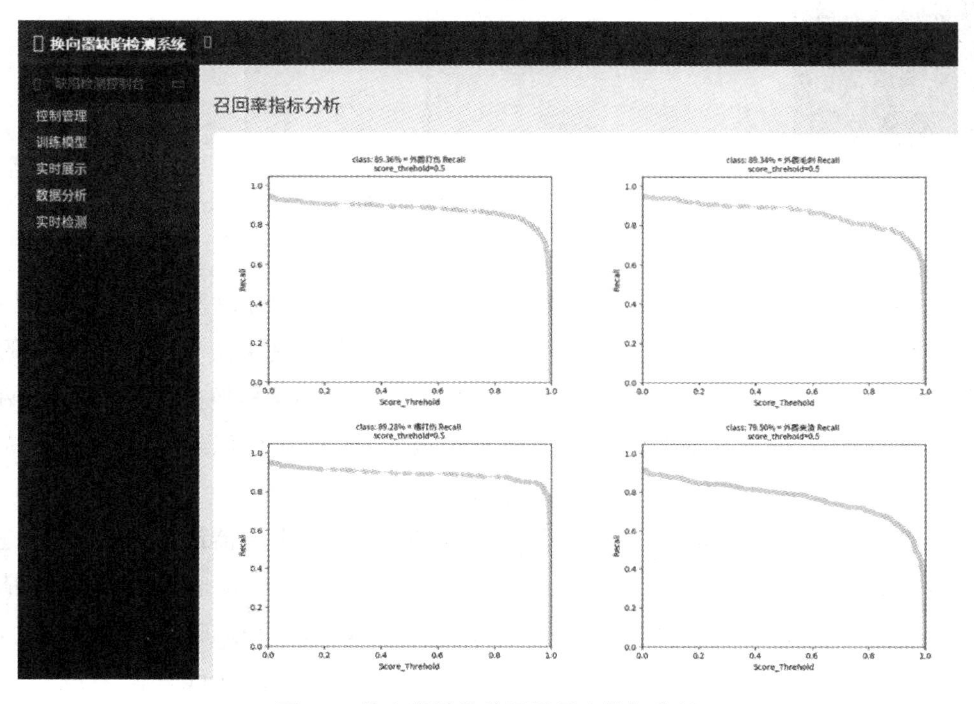

图 5.6　换向器缺陷检测召回率指标分析

除了对某类指标进行单独分析外，用户还可以针对某一类型的换向器缺陷进行详细的分析。图 5.7 显示了外圆压印缺陷的精准率、召回率、F1、AP 四项指标，用户可以针对某一类换向器缺陷进行详细的分析。

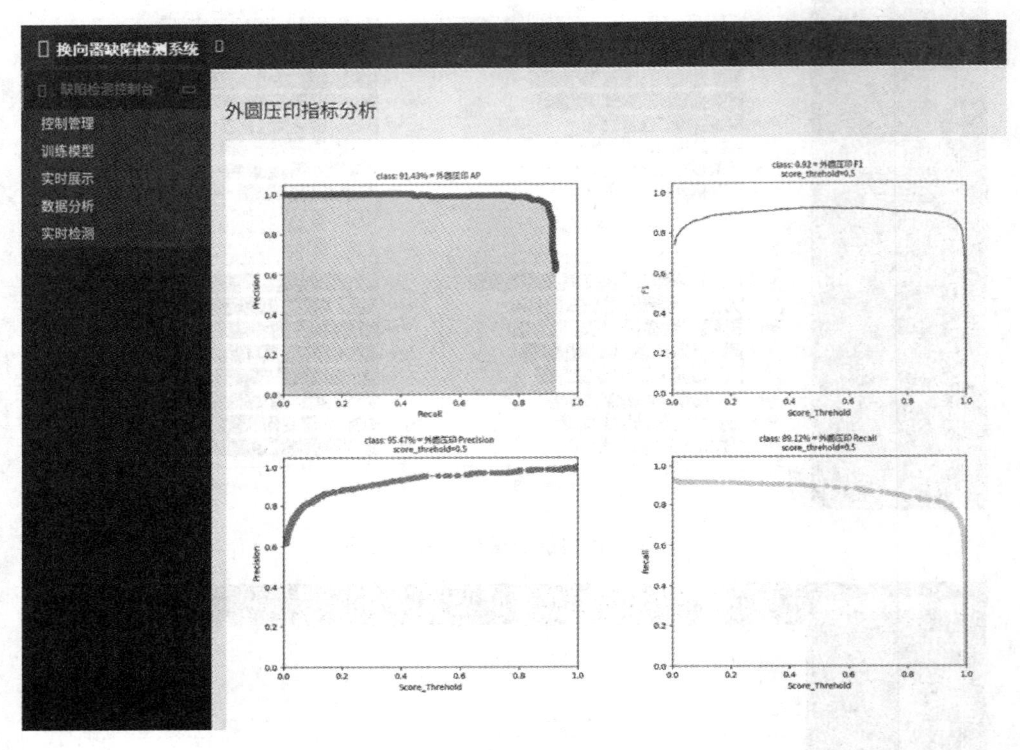

图 5.7　外圆压印指标分析

5）实时检测页面

换向器缺陷检测系统还设计了实时检测页面，用户可以对训练好的模型进行预测，查看模型的具体效果，也可以通过实时检测模块实现换向器缺陷的实时检测。本在线系统的任务包括换向器缺陷图片生成和换向器缺陷检测两个主要的任务，图 5.8 是换向器缺陷图片生成页面，用户可以通过改进的生成对抗模型生成图片，观察缺陷图片的生成效果。

图 5.8 展示了用 WGAN 模型预测生成的图片，对换向器缺陷的效果图进行实时更新展示。在目标检测中，检测指标 AP 可以很好地表示目标检测精度，但是在 WGAN 中，虽然 Wasserstein 距离可以表示模型训练的好坏程度，但是用户无法知道具体的图片生成效果，因此本章设计的在线检测系统通过

可视化的方式把 WGAN 模型生成的换向器缺陷效果图进行展示，让用户知道 WGAN 模型在实际应用过程中生成图片的效果。另外，本换向器缺陷检测系统还可以对换向器缺陷检测的效果进行实时的显示。

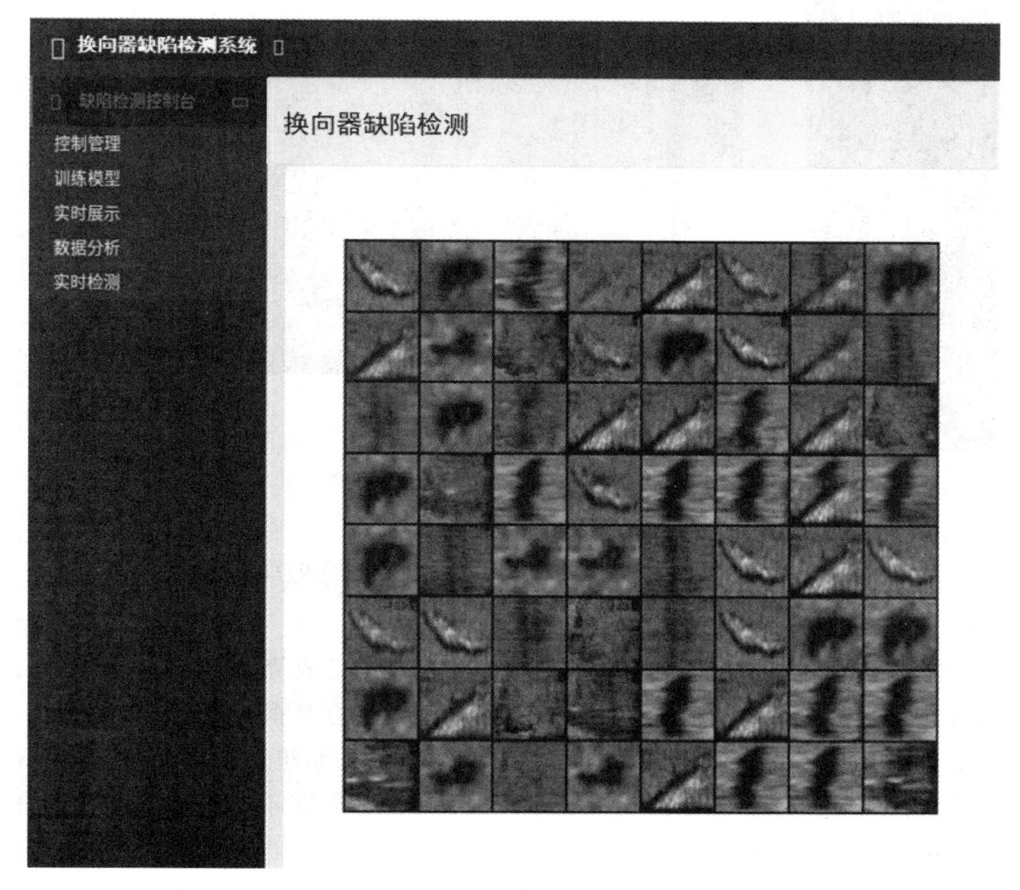

图 5.8　换向器缺陷生成效果图

图 5.9 是换向器缺陷检测系统中对换向器缺陷进行实时检测的效果图，可以实时地显示换向器图片中缺陷的位置、类型和置信度等信息。用户可以上传本地的换向器缺陷图片，用换向器缺陷检测系统进行检测，并且对检测的效果图进行展示，了解本换向器缺陷检测系统在实际应用中的检测效果。用户也可以通过实时检测模块的反馈，知道换向器缺陷检测模型是否满足实际应用需求，还有哪些地方需要改进，使本换向器缺陷检测方案更好地应用到实际的换向器缺陷检测过程中。

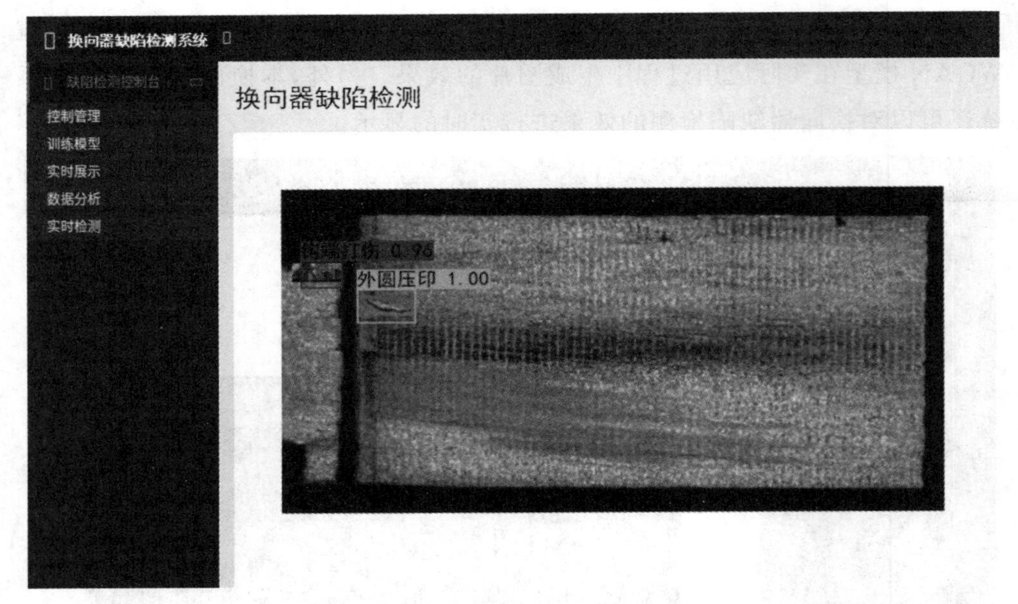

图 5.9　换向器缺陷实时检测效果图

5.4　多类型表面缺陷检测系统实例验证

本章设计的 Web 系统集成了换向器缺陷图片生成算法（CCA-WGAN）、换向器缺陷检测算法（FI-YOLOv4）、换向器缺陷检测模型迁移算法（PSF-TM），本章通过一台 PC（作为中心服务器，部署 Web 系统）和一台便携式计算机（作为生产线节点，模拟缺陷检测生产线）来实现自建环境下的换向器缺陷检测作业。中心服务器采用了 Intel Corel I7-10700K 3.8 GHz CPU（8 核 16 线程），32 GB RAM，Windows 10 操作系统，同时配置了 NVIDIA GeForce RTX™ 2080Ti 显卡（11 GB 显存）来加速算法执行。中心服务器配置了 Python 3.8、Pytorch 1.7、Flask 2.0、CUDA 10.2、Cudnn 7.6 等软件环境，系统部署完成后，可以通过中心服务器 IP 地址进入 Web 系统，生产线节点可以发送图片至中心服务器进行换向器缺陷检测。生产线节点采用了 Intel Corel I5 8250U 1.7 GHz CPU（4 核 8 线程），8 GB RAM，Windows 10 操作系统。

5.4.1　换向器表面缺陷图片生成

换向器缺陷图片在中心服务器上生成，可以生成更多的换向器缺陷图片数据，训练检测精度更高的换向器缺陷检测模型。在本次应用中，针对外圆打伤、外圆毛刺、槽刮伤、外圆夹渣、外圆压印、油污、钩端打伤、槽边打伤共 8 类缺陷生成 8000 张图片，每类缺陷各 1000 张，用于扩充缺陷检测模型的数据集。在中心服务器的配置下，系统每秒可以生成 148 张换向器缺陷图，因此大约 1 分钟就生成 8000 张换向器缺陷图片。生成的效果图如图 5.10 所示。

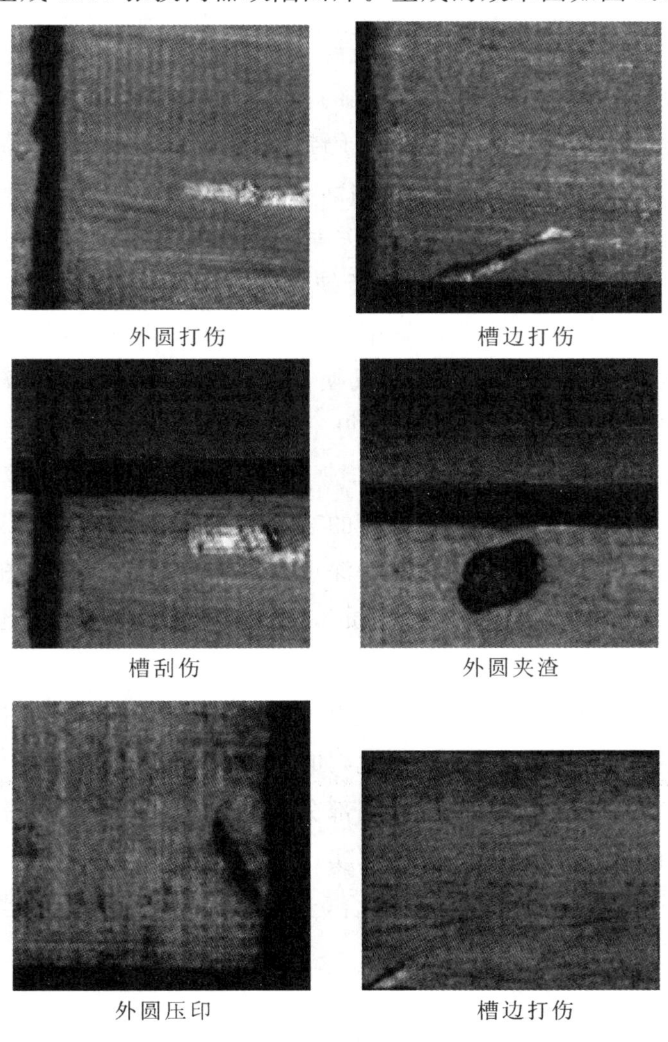

图 5.10　换向器缺陷图像生成效果图

钩端打伤

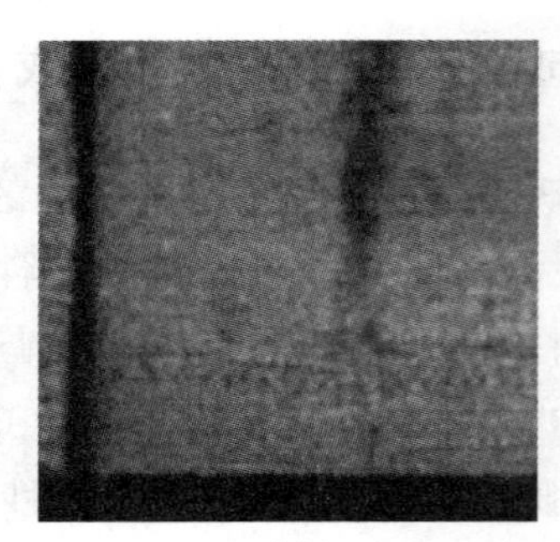
油污

续图 5.10

如图 5.10 所示，由集成模型生成的换向器缺陷效果图非常真实，这主要得益于设计模型的优越性，设计的编码器-解码器结构的生成器可以实现换向器缺陷表层特征和深度特征相融合，模型可以学习缺陷与换向器之间的特征关系以及缺陷内部之间的特征关系，因此模型可以生成更加真实的换向器缺陷图片。另外，模型还学习了缺陷的上下文，即学习缺陷周围的特征，通过学习上下文使得生成的缺陷更加适合换向器，这对保持换向器缺陷风格的一致性非常重要。最后，生成换向器缺陷效果图的真实性也受益于深度学习模型的强大表达能力，不同于传统的视觉算法，深度学习模型有上百万个参数，因此模型的表达能力非常强大。传统算法通过算子或者滤波处理图像，往往提取的是换向器缺陷的表层特征，而深度学习模型不仅提取换向器的表层特征，还提取换向器的深度特征，并且在较多的图片中提取特征的共性，更容易认识到缺陷的“本质”，因此生成的换向器缺陷图片自然也就更真实。

为了更好地分析系统集成模型的生成效果，我们从图 5.10 中选取了三幅图片和原始的换向器缺陷图进行对比，如图 5.11 所示。

通过图 5.11(a)对比发现，当缺陷部分的像素特征和周围像素特征很接近的时候，生成的缺陷图片效果非常真实，这得益于模型引入了上下文特征信息，缺陷特征和换向器特征深度融合，让模型综合学习换向器缺陷的特征信息。

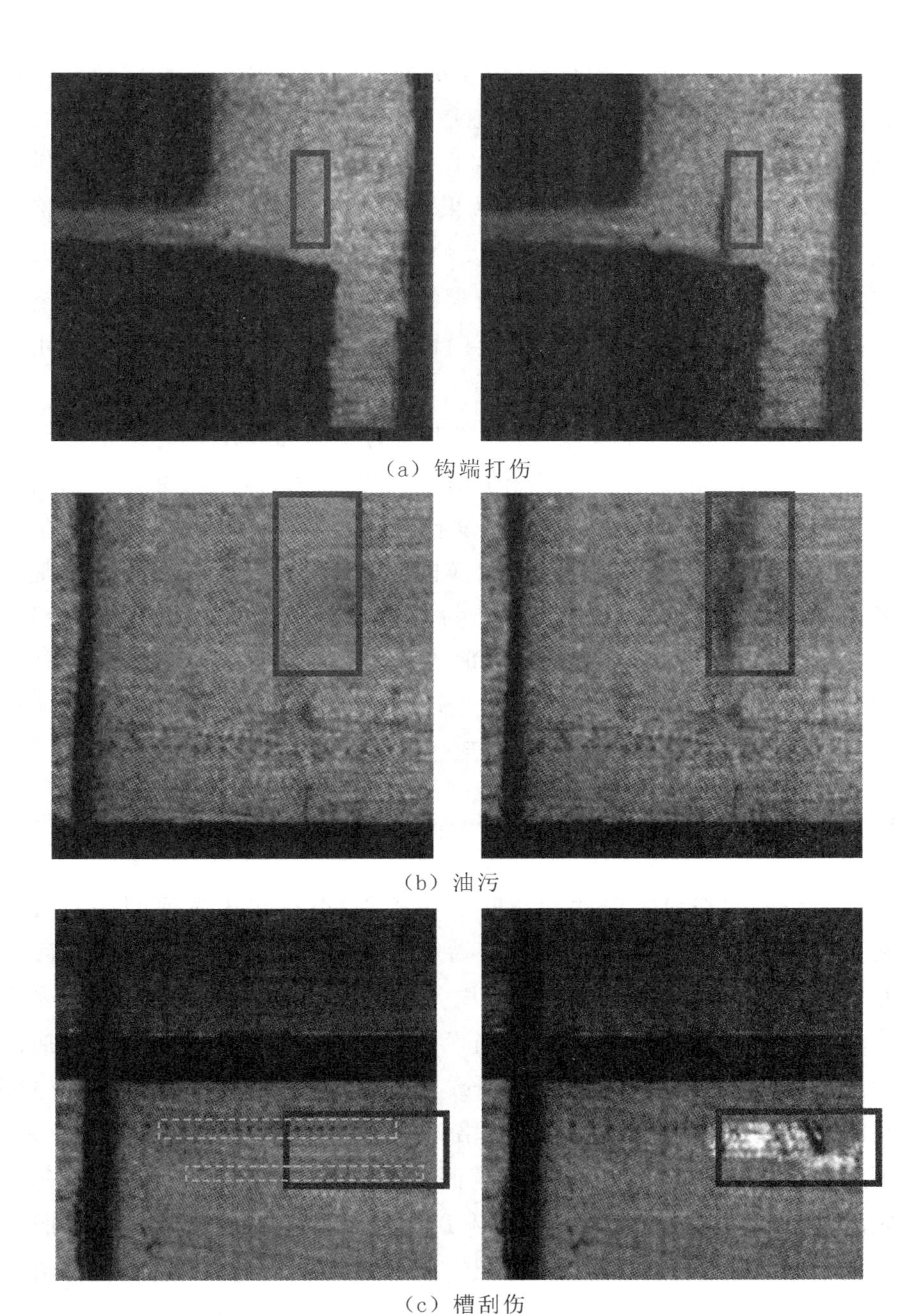

（a）钩端打伤

（b）油污

（c）槽刮伤

图 5.11 原始换向器缺陷图和生成换向器缺陷图对比

注：每组图片中的左图是原始换向器缺陷图，右图是生成换向器缺陷图。

通过图5.11(b)对比发现，当缺陷生成部分的像素特征和周围像素特征差别较大的时候，模型生成的缺陷像素还是延续了周围像素的风格，并且容易弱化缺陷内部的色彩亮度变化。在图5.11(b)的原始换向器图中，缺陷的像素色彩亮度有强弱的变化，但是在生成的效果图中，缺陷的像素色彩亮度风格更为统一。这是因为在深度学习中，数量大的共性特征权重会更高。因为大多数换向器缺陷部分的像素不仅与周围像素的风格相似，而且像素内部风格的一致性很高，所以图5.11(b)中的生成换向器缺陷图非常自然，但是与原始换向器缺陷图又有较大差别。

通过图5.11(c)对比发现，虽然模型生成的换向器缺陷很好地学习到了缺陷的上下文信息，缺陷的整体风格和换向器是适配的，但是与原始换向器缺陷图相比，部分纹理特征信息有所丢失，没有很好地做到把原始换向器缺陷图中的纹理点特征横向延伸。模型在生成换向器缺陷的时候，更多的是从整体风格上考虑，因此一些横向或纵向离散点特征很难当作连贯的特征进行处理，从而在特征生成的过程中很难把这些离散点当作一个整体进行延伸。另外当新的缺陷像素出现在这个位置的时候，上下文的特征信息比重也会下降，所以如何提高原有部分和生成部分的细节一致性也是未来需要优化的方向。

5.4.2 换向器表面缺陷检测

为了模拟换向器缺陷检测的实际应用场景，本章使用生成的换向器数据集和真实的换向器数据集来训练换向器缺陷检测模型，其中生成的换向器缺陷图片8000张，真实的换向器缺陷图片2400张(每类300张，其中100张用于训练，200张用于测试)，真实的无缺陷换向器图片1000张。在实际的换向器缺陷检测过程中，通过多台CCD(charge coupled device，电荷耦合器件)相机拍摄换向器不同角度的照片，通过网络将照片发送到中心服务器进行检测。为了更好地贴近实际的应用场景，本章假定一共有10台CCD相机，以每秒拍摄两帧的频率，并行地向中心服务器发送换向器缺陷检测请求。中心服务器接收检测请求，检测程序接收到图片数据后，进行换向器缺陷检测，再将检测结果返回给相应的请求进程，同时将结果发送给需要的模块并保存到本地数据库。检测的结果如表5.1所示。

表 5.1　换向器缺陷检测结果

<table>
<tr><th>缺陷种类</th><th>缺陷图片数/图片总数</th><th>误检图片数/图片总数</th><th>检出率</th><th>平均检出率</th><th>总误报率</th></tr>
<tr><td>外圆打伤</td><td>191/200</td><td>8/200</td><td>95.5%</td><td rowspan="8">94.7%</td><td rowspan="9">4.4%</td></tr>
<tr><td>外圆毛刺</td><td>186/200</td><td>12/200</td><td>93.0%</td></tr>
<tr><td>槽刮伤</td><td>187/200</td><td>12/200</td><td>93.5%</td></tr>
<tr><td>外圆夹渣</td><td>192/200</td><td>3/200</td><td>96.0%</td></tr>
<tr><td>外圆压印</td><td>191/200</td><td>8/200</td><td>95.5%</td></tr>
<tr><td>油污</td><td>190/200</td><td>9/200</td><td>95.0%</td></tr>
<tr><td>钩端打伤</td><td>194/200</td><td>6/200</td><td>97.0%</td></tr>
<tr><td>槽边打伤</td><td>184/200</td><td>14/200</td><td>92.0%</td></tr>
<tr><td>无缺陷</td><td>—</td><td>42/1000</td><td>—</td><td>—</td></tr>
</table>

为了更好地评估实际应用的情况，本小节不再使用 AP 作为评估指标，而是使用生产过程中更关心的检出率和误报率作为评估指标，8 类换向器缺陷的平均检出率为 94.7%，总误报率为 4.4%。

图 5.12 展示了部分换向器缺陷检测的可视化图像，对于某些换向器缺陷图片中可能存在多种缺陷的情况，同时标记为两类缺陷，但是在计算检出率的时候，只需要正确检出任意一类缺陷即可。根据可视化的图像，说明换向器缺陷检测算法可以十分准确地识别换向器缺陷的位置和类型，结合 94.7%的检出率和 4.4%的误报率，表明本书设计的换向器缺陷检测算法十分有效，可以应用到实际的换向器缺陷检测作业中。

另外，为了验证本系统的实时有效性，本章还对各个阶段的时间开销进行分析。本章使用 Basler acA1600-20uc 相机采集换向器图片，Basler acA1600-20uc 相机使用 Sony ICX274 CCD，CCD 的尺寸为7.2 mm×5.4 mm，最大分辨率为 1626 px×1234 px，每秒可以采集 20 帧 RGB BMP 格式图片，通过 USB 3.0 接口连接便携式计算机，用官方提供的开发接口获取图像。另外，通过一个路由器搭建一个局域网，用两台便携式计算机作为局域网的节点，一个节点用来采集换向器图片，另一个节点作为中心服务器，用来做换向器缺陷检测，局域网的传输速率为 100 Mbit/s，即每秒钟最高可以传输 12.5 MB 数据。本

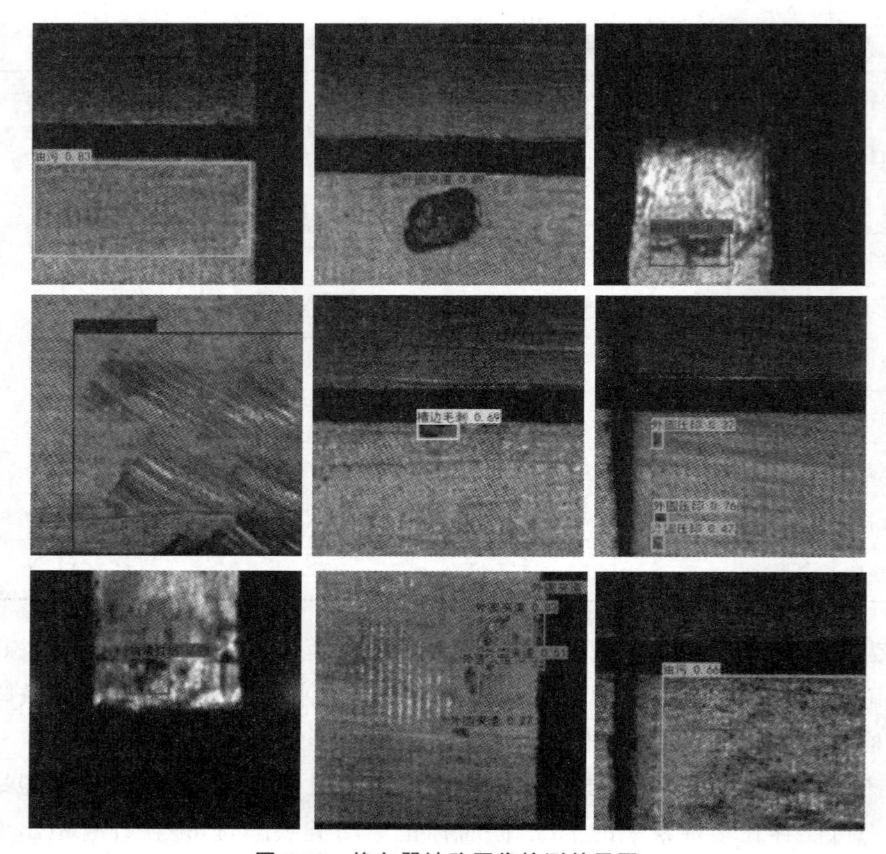

图 5.12　换向器缺陷图像检测效果图

章用 10 个进程模拟 10 台 CCD 相机，从本地磁盘读取换向器图片，通过局域网以每秒钟 2 张的频率发送到中心服务器，进行换向器缺陷的检测，示意图如图 5.13所示。

用 CCD 相机采集 1626 px×1234 px 图像数据，图像以 BMP 格式保存到本地磁盘，通过 Socket 网络协议传输到中心服务器，中心服务器的一块显卡可以稳定地处理 10 台 CCD 相机拍摄的换向器图像。增加显卡的数量，可以提高中心服务器的计算能力，因此只要具备足够的网络传输能力和计算能力，本章系统就可以应用于大规模的换向器缺陷检测场景。

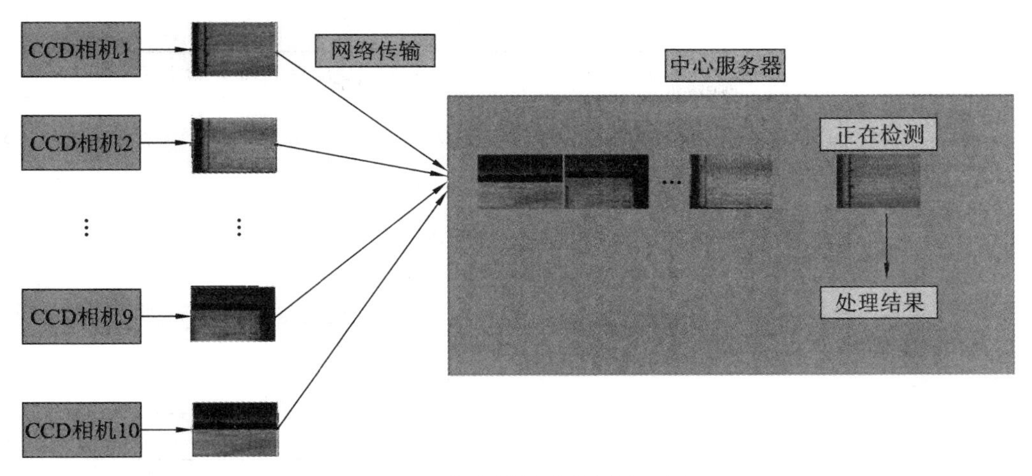

图 5.13 换向器缺陷检测示意图

5.4.3 换向器表面缺陷检测模型迁移

为了验证本书换向器缺陷检测模型迁移算法的有效性，我们利用 PSF-TM 算法把已经训练好的换向器缺陷检测模型快速迁移到新的换向器缺陷检测模型中，用于检测新的换向器缺陷。新的换向器缺陷数据集包含 7 类换向器缺陷，包括钩顶裂纹、钩侧铜皮毛刺、钩顶毛刺、钩上表面无锡、钩侧黑皮、钩根侧黑皮和钩下锡色异常。虽然“钩上表面无锡”“钩下锡色异常”等缺陷在迁移学习的源域中没有对应的或相似的缺陷，但是迁移学习的本质是底层共性特征的快速映射，每一个缺陷类别都可以看作是底层特征的聚类群。虽然把这个特征提取的方法应用于提取另一类缺陷的特征时，可能底层特征的聚类相对分散，但是只要微调模型，另一类缺陷的底层特征又可以快速地聚合在一起，比从随机初始化的模型开始优化特征提取方法的代价要小得多，因此可以起到快速迁移的作用。这也是为什么模型可以跨类别迁移的原因，比如训练植物分类模型时可以用动物数据集进行迁移。每类缺陷任选 100 张图片用于模型迁移，100 张图片用于模型测试，另外还有无缺陷换向器图片 1000 张，总共 2400 张图片，训练耗时 4.1 个小时。新的换向器缺陷数据集的检测结果如表 5.2 所示。

表 5.2　换向器新类型缺陷检测结果

<table>
<tr><th>缺陷种类</th><th>缺陷图片数/图片总数</th><th>误检图片数/图片总数</th><th>检出率</th><th>平均检出率</th><th>总误报率</th></tr>
<tr><td>钩顶裂纹</td><td>89/100</td><td>9/100</td><td>89%</td><td rowspan="7">92.3%</td><td rowspan="8">5.3%</td></tr>
<tr><td>钩侧铜皮毛刺</td><td>91/100</td><td>7/100</td><td>91%</td></tr>
<tr><td>钩顶毛刺</td><td>94/100</td><td>4/100</td><td>94%</td></tr>
<tr><td>钩上表面无锡</td><td>90/100</td><td>7/100</td><td>90%</td></tr>
<tr><td>钩侧黑皮</td><td>94/100</td><td>5/100</td><td>94%</td></tr>
<tr><td>钩根侧黑皮</td><td>92/100</td><td>8/100</td><td>92%</td></tr>
<tr><td>钩下锡色异常</td><td>96/100</td><td>3/100</td><td>96%</td></tr>
<tr><td>无缺陷</td><td>—</td><td>47/1000</td><td>—</td><td></td></tr>
</table>

通过 PSF-TM 算法进行迁移的换向器缺陷模型，用原来每类 1/2 的换向器缺陷图片检测后，平均检出率为 92.3%，总误报率为 5.3%，相比原始模型的检出率仅下降了 2.4 个百分点，误报率仅上升了 0.9 个百分点。这说明 PSF-TM 算法大大地提高了模型更新的效率，方便了换向器缺陷检测系统在实际生产作业中的应用。图 5.14 是新的换向器缺陷数据集的检测图。

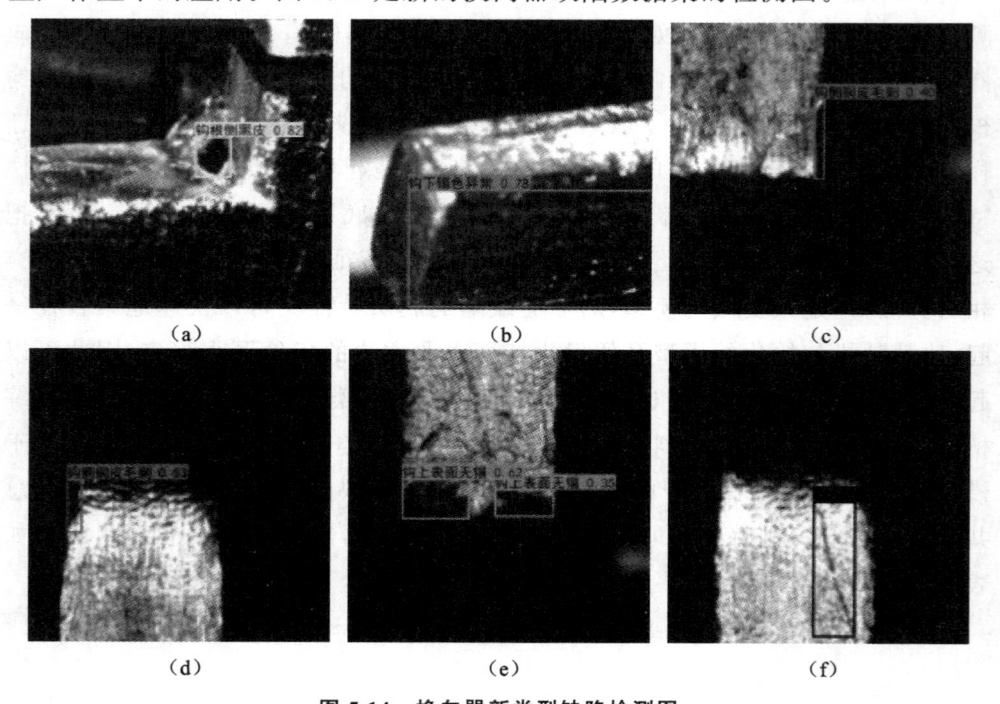

图 5.14　换向器新类型缺陷检测图

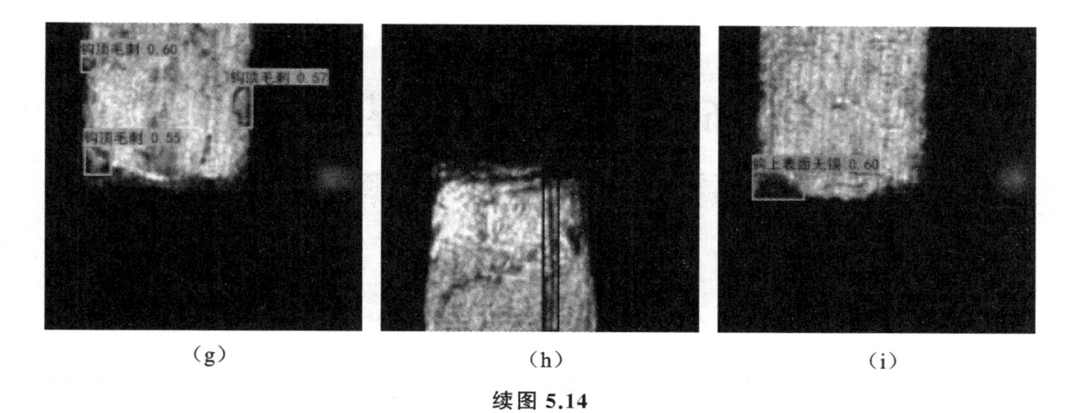

(g) (h) (i)

续图 5.14

从图 5.14 中可以看出，迁移后的模型对换向器新类型缺陷数据有很好的检测效果。与原始数据对比发现，通过 PSF-TM 算法进行模型迁移可以快速更新模型，从而适应新的换向器类型和新的缺陷类型，进而方便用户进行自适应调整，保证本章设计的面向多类型换向器缺陷检测系统可以长期地适应检测需求。

5.5 本章小结

本章根据换向器产业实际生产的需要开发了一个面向多类型换向器缺陷的 Web 在线系统，设计了训练模块、可视化模块、数据分析模块、实时检测模块和控制管理模块，把本章设计的技术方案封装成可视化操作的页面，模拟换向器工业生产环境下的应用需求，把本书第 2 章设计的用生成对抗网络扩充换向器缺陷数据集的方案、第 3 章设计的通过改进 YOLOv4 模型对换向器缺陷进行目标检测的方案和第 4 章设计的通过改进的模型迁移方法对多类型换向器缺陷检测模型进行快速迁移的方案结合在一起，让用户可以通过本章的 Web 在线系统对模型进行训练、管理和分析，通过可视化的展示和运行数据的分析了解模型的实际性能，通过实时检测模块对换向器生产过程进行实时检测。面向多类型换向器产品缺陷的 Web 在线系统把本书设计的方案集成到一个完整的系统中，以可视化的方式呈现出来，以便本书设计的换向器缺陷检测方案在实际的换向器生产中应用，这既是对本书换向器缺陷检测方案设计成果的总结，也是本书研究工作的价值体现。

6 结论与展望

6.1 本书结论

本书结合深度学习的最新研究成果，为生产过程中多类型表面缺陷检测问题设计了一套完整的方案。第一，针对缺陷检测中样本稀少、样本搜集困难、检测精度不高、检测成本高、缺陷类型多、检测场景复杂等难题进行了详细的分析并提出了相应的技术解决方案。第二，针对缺陷检测中样本稀少、搜集困难的问题，提出了用生成对抗网络生成缺陷样本的方法，从而建立一个样本丰富的缺陷数据集。第三，针对缺陷检测中算法模型多、检测成本高的问题，提出了基于深度学习的视觉目标检测方案，以低成本、高精度的手段对缺陷进行实时检测。第四，针对缺陷类型多、检测场景复杂的问题，提出了模型迁移的方法，快速地在新的缺陷类型和检测场景下建立检测模型，使本书设计的多类型表面缺陷检测方案有更好的适应性。第五，集成本书所提方法，开发了一个多类型表面缺陷智能视觉检测的 Web 在线系统，在相应的缺陷数据集上进行了测试，验证了所提方法的有效性。

本书的研究工作总结如下：

(1) 提出了一种生成缺陷图片的 CCA-WGAN 模型，对缺陷样本进行扩充，解决了缺陷检测中样本稀少、搜集困难的问题。CCA-WGAN 模型通过输入额外的类别信息，使模型在训练的过程中可以区分不同缺陷类别之间的特征分布，弥补了 WGAN 模型无法感知缺陷类别信息的不足，并且使用梯度惩罚的方式代替模型剪枝，既可以控制梯度的范围，又不会过分限制判别器获取数据高阶矩的能力，另外，设计了编码器-解码器结构的网络模型，并且在编码器和解码器之间增加了跳跃的残差连接，使模型更加稳定，增强了生成器生成图片的能力。为了使生成的缺陷部分更好地融入整体缺陷图片中，模型在生成器和判别器中引入了上下文信息，使得生成的缺陷部分与整体的缺陷图片更加适配。实验结果表明，本书设计的 CCA-WGAN 模型所生成的缺陷图片更接近真实的缺陷图片。同时,本书也使用 CCA-WGAN 模型建立了一个丰富的缺陷样本数据集。

(2) 提出了一种基于 FI-YOLOv4 模型的缺陷检测方法。使用空间注意力机制和通道注意力机制增强模型对重要特征的感知能力,引入 B-SPP 模块和 S-ResA 单元,增加模型在特征提取时的感受野,进行不同尺度特征的提取,增强提取模型特征的能力,同时使用自适应特征融合模块,对不同尺度的特征进行融合,更加精准地提取有效的特征,解决了缺陷中检测精度不高、检测成本高的问题。另外,为了进一步提升缺陷检测的精度,本书还使用 DIoU 损失函数代替原来的 GIoU 损失函数,加快了模型的收敛速度,提高了检测框的定位精度。本书在缺陷数据集上进行了实验,改进后的 FI-YOLOv4 模型在缺陷数据集上的 AP_{50} 为 87.8%,比 YOLOv4 模型的 AP_{50} 提高了 8.6 个百分点,使模型的检测精度得到了较大提高,可以更好地应用于实际生产中。

(3) 提出了一种基于 PSF-TM 的缺陷检测模型迁移方法,快速地把缺陷检测模型迁移到多类型产品、多检测场景下的缺陷检测中,解决了缺陷类型多、检测场景复杂的问题。该模型迁移方法使用渐进式和子网络融合的方法,在模型迁移的过程中,分多次解冻参数,使得模型迁移过程保持平稳。另外,模型在训练的过程中,用整个网络对一个子网络进行采样,对其余子网络进行参数训练,从而减少训练的参数,防止模型过拟合。由于子网络是随机采样的,因此可以把整个网络看成是子网络的集成,在缺陷检测阶段使用整个网络进行推断预测,可以提高目标检测的精度。本书在两个不同类型的缺陷检测中,只需要训练几个小时就可以对改进的 FI-YOLOv4 模型进行快速迁移,对比常规的模型参数迁移和冻结模型参数迁移,检测精度 AP_{50} 分别提高了27.6、21.9 个百分点,训练时间只有原来的一半,证明了改进的模型迁移方法的有效性。

(4) 集成以上三个技术方案,本书开发了一个多类型表面缺陷智能视觉检测 Web 在线系统。这个系统对缺陷检测中的技术进行封装,以 Web 页面的方式和用户进行交互,设计了训练模块、可视化模块、数据分析模块、实时检测模块和控制管理模块,实现了模型训练、数据分析、可视化展示等功能,并且还模拟换向器生产过程对换向器缺陷进行了实时检测。开发的 Web 在线系统不仅是对本书研究成果的总结,也为工业场景下的实时检测提供了参考方案。

6.2 本书创新点

针对缺陷样本扩充、多类型缺陷、多场景下模型迁移等问题,本书设计了一套完整的缺陷检测方法,提出了一系列创新且有重要意义的模型和算法,本书创新点如下:

(1) 设计了 WGAN 的改进模型——CCA-WGAN,解决缺陷样本不足的问题,通过基于条件的缺陷生成和基于上下文的整体融合方法,新模型所生成的缺陷图像与整体缺陷图像实现自然融合,大大简化了缺陷图像的生成过程,并且通过 CCA-WGAN 模型建立了一个样本丰富的缺陷数据集。

(2) 建立了改进的 YOLOv4 模型——FI-YOLOv4 模型,引入了 S-ResA 单元、B-SPP 模块、跨层特征金字塔网络、特征自适应模块、损失函数 Federal Focal Loss,并且在缺陷数据集上进行了详细的验证实验,证明 FI-YOLOv4 模型可以很好地应用在多类型表面缺陷检测中。

(3) 提出了缺陷检测模型迁移的改进算法——PSF-TM,实现了在不同类型缺陷、不同检测场景下的缺陷检测模型的快速迁移,设计了渐进式迁移、子网络采样训练和子网络集成预测的方法,提高了模型迁移后的检测精度,减少了缺陷检测模型的检测时间。

6.3 研究展望

表面缺陷检测是制造业生产过程中十分重要的环节,识别出有缺陷的产品并进行相应的操作处理才能保证产品的品质。本书主要针对缺陷检测中存在的效率低下、劳动量大、标准不一致等问题,提出了一种基于生成对抗网络、目标检测和模型迁移的缺陷检测完整方案。结合本书设计的表面缺陷检测方案和深度学习技术的发展,未来可以对以下几点工作展开研究:

(1) 本书提出通过生成对抗网络对缺陷局部进行图片生成,再把生成的缺陷部分融合到整体的缺陷图片中,这需要有可以融合的图片进行支撑,在一定程度上增加了数据搜集的工作量。因此,可以用更先进的生成对抗网络对整张缺陷图片进行生成,从而可以没有限制地生成更多的缺陷样本,这是本课题组后续的研究方向之一。

(2) 本书在 YOLOv4 的基础上提出了改进方案,虽然在检测精度上有了很大的提升,也符合实时性的检测要求,但是在实际的生产工业中,可能是多条流水线同时进行缺陷检测,因此,企业往往希望进一步提高表面缺陷检测的速度,降低检测时的计算量,最大限度地降低生产成本。如何进一步提高检测模型的时间性能,降低检测设备的资源配置要求,也是本课题组后续的研究重点。

(3) 虽然本书针对多类型表面缺陷检测设计了完整的方案,也开发了多类型表面缺陷检测的 Web 在线系统,但是三个技术方案之间还没有实现一体化、全自动化。未来随着深度学习中强化学习、智能控制技术的成熟,下一步的研究目标是把本书的技术方案设计成全自动智能控制系统,使企业和用户使用更加方便。另外,当前的计算设备都是基于服务器和计算机的,未来需要把算法移植到嵌入式设备或者芯片当中,使企业的使用成本更低,部署更方便。

参考文献

[1] BONG H Q, TRUONG Q B, NGUYEN H C, et al. Vision-based inspection system for leather surface defect detection and classification [C]//2018 5th NAFOSTED Conference on Information and Computer Science(NICS). Ho Chi Minh City: Proceedings of the IEEE, 2018: 300-304.

[2] LEE J Y,BONG W,LEE S,et al. Development of the vision system and inspection algorithms for surface defect on the injection molding case [C]//International Conference on Computer Science and It Applications. 2016,421:963-970.

[3] YUN J P, KIM D,KIM K,et al. Vision-based surface defect inspection for thick steel plates[J]. Optical Engineering,2017,56(5):053108.

[4] LIU T Y,BAO J S,WANG J L,et al. Deep learning for industrial image: challenges,methods for enriching the sample space and restricting the hypothesis space, and possible issue [J]. International Journal of Computer Integrated Manufacturing,2022,35:1077-1106.

[5] 贺笛. 深度学习在钢板表面缺陷与字符识别中的应用[D]. 北京:北京科技大学,2021.

[6] 王琛. 基于深度学习的 SAR 目标分类与检测技术研究[D]. 成都:电子科技大学,2021.

[7] CEREZCI F,KAZAN S,OZ M A,et al. Online metallic surface defect detection using deep learning[J]. Emerging Materials Research,2020,9(4):1266-1273.

[8] CHEN Z J, CHEN D P, ZHANG Y S, et al. Deep learning for autonomous ship-oriented small ship detection[J]. Safety Science,2020,130:104812.

[9] SHU Y F,LI B,LI X M,et al. Deep learning-based fast recognition of

commutator surface defects[J]. Measurement,2021,178(1):109324.

[10] BAO N S,RAN X,WU Z F,et al. Design of inspection system of glaze defect on the surface of ceramic pot based on machine vision[C]//2017 IEEE 2nd Information Technology, Networking, Electronic and Automation Control Conference (ITNEC). Chengdu: Proceedings of the IEEE,2017:1486-1492.

[11] MANISH R, VENKATESH A, ASHOK S D. Machine vision based image processing techniques for surface finish and defect inspection in a grinding process [J]. Materials Today: Proceedings, 2018, 5 (5): 12792-12802.

[12] SIMLER C,BERNDT D,TEUTSCH C. Bimodal model-based 3D vision and defect detection for free-form surface inspection[C]//International Conference on Computer Vision Theory and Applications. 2017: 451-458.

[13] TASTIMUR C, YAMAN O, KARAKOSE M, et al. A real time interface for vision inspection of rail components and surface in railways [C]//2017 International Artificial Intelligence and Data Processing Symposium (IDAP). Malatya,Turkey: Proceedings of the IEEE,2017: 1-6.

[14] WEN X,SONG K C,NIU M H,et al. A three-dimensional inspection system for high temperature steel product surface sample height using stereo vision and blue encoded patterns [J]. Journal for Light and Electronoptic,2017,130:131-148.

[15] ZHANG G,SHI Y,GU Y,et al. Laser vision-based detection of weld penetration in GTAW an inspection method was proposed to monitor weld penetration for investigating the control of weld defects [J]. Welding Journal, 2017,96(5):163-172.

[16] LIN H,LI B,WANG X G,et al. Automated defect inspection of LED chip using deep convolutional neural network[J]. Journal of Intelligent Manufacturing,2019,30(6):2525-2534.

[17] SHU Y F,LI B,LIN H. Quality safety monitoring of LED chips using

deep learning-based vision inspection methods[J]. Measurement,2021,168:108123.

[18] 丁鹏欣. 基于深度学习的图像目标检测关键技术研究[D]. 成都:四川大学,2021.

[19] SHU Y F,HUANG Y,LI B. Design of deep learning accelerated algorithm for online recognition of industrial products defects[J]. Neural Computing and Applications,2019,31(9):4527-4540.

[20] 王炎. 面向乳腺 X 光图像分类的神经网络方法研究[D]. 成都:四川大学,2021.

[21] 李旭东. 基于深度学习的旋转部件故障诊断研究[D]. 北京:中国科学院大学(中国科学院国家空间科学中心),2021.

[22] BONECHI S,ANDREINI P,BIANCHINI M,et al. COCO_TS dataset: pixel-level annotations based on weak supervision for scene text segmentation[C]//Artificial Neural Networks and Machine Learning—ICANN 2019: Image Processing. Springer International Publishing, 2019:238-250.

[23] RIBLI D,HORVATH A,UNGER Z,et al. Detecting and classifying lesions in mammograms with deep learning[J]. Scientific Reports,2018,8(1):1-7.

[24] ZHANG J M,XIE Z P,SUN J,et al. A cascaded R-CNN with multiscale attention and imbalanced samples for traffic sign detection[J]. IEEE Access,2020,8:29742-29754.

[25] 郭景娟. 基于深度学习的图像分类与目标检测方法研究[D]. 武汉:华中科技大学,2020.

[26] LI J N,LIANG X D,SHEN S M,et al. Scale-aware fast R-CNN for pedestrian detection[J]. IEEE Transactions on Multimedia,2018,20(4):985-996.

[27] LIN Z,JI K F,LENG X G,et al. Squeeze and excitation rank faster R-CNN for ship detection in SAR images[J]. IEEE Geoscience and Remote Sensing Letters,2019,16(5):751-755.